BAND 22

HEFT 8–10

Zeitschrift für Meteorologie

im Auftrage der Meteorologischen Gesellschaft in der Deutschen Demokratischen Republik

herausgegeben von

H. ERTEL†, BERLIN und E. A. LAUTER, BERLIN

AKADEMIE-VERLAG GMBH · BERLIN

ZfMet. Bd. 22 Heft 8–10 S. 233–312 Berlin 1971

Inhaltsverzeichnis

E. Peters: Über Notwendigkeit und Möglichkeit der Anwendung Automatischer Meteorologischer Stationen in bewohnten Gebieten 235

И. П. Кузьминых: Унифицированная Автоматическая Телеметрическая Гидрометеорологическая станция УАТГМС-4 (Die vereinheitlichte Automatische, Telemetrische Hydrometeorologische Station UATGMS-4) . 241

St. Klemm: Die Automatische Fernmeldende Meteorologische Station (AFMS) des Meteorologischen Dienstes der DDR 251

W. Höhne: Beziehungen zwischen Zuverlässigkeit, Betriebssicherheit und Systemkonzeption bei Automatischen Meteorologischen Stationen 262

B. Antonik und H. Geithner: Vergleiche der an der Automatischen Fernmeldenden Meteorologischen Station gewonnenen Temperaturwerte mit den Angaben von Quecksilberthermometern (Glasthermometer) 268

V. Galló und M. Mezösi: UKW-Fernwindmeßnetz mit digitaler Empfangszentrale 275

В. А. Усольцев: Унифицированные датчики для автоматических гидрометеорологических станций (Vereinheitlichte Geber für die Automatische Hydrometeorologische Station) 279

H. Henning: Zur Messung der Taupunkttemperatur mit dem LiCl-Taupunkthygrometer der Fa. Feutron, Greiz . 283

В. А. Усольцев: Датчик влажности воздуха с подогревным электролитическим чувствительным элементом (Ein Luftfeuchtigkeitsgeber mit vorgetrocknetem Meßelement) 288

St. Klemm: Ein Meßwertgeber für Regenmenge und Regendauer 292

W. Höhne: Eine Schaltung zur Bestimmung der mittleren Windrichtung 296

K. Krüger und H.-F. Wehner: Datenspeicher- und Abfrageeinrichtung zur MME 1 300

B. Antonik und H. Käse: Zu einigen Fragen der maschinellen Kontrolle der an der Automatischen Fernmeldenden Meteorologischen Station und durch Augenbeobachtung gewonnenen Daten 302

E. Peters: Grundsätze des netzmäßigen Einsatzes Automatischer Meteorologischer Stationen in bewohnten Gebieten am Erdboden 308

Hinweise für unsere Autoren

1. In der „Zeitschrift für Meteorologie“ können Originalarbeiten (Aufsätze und Mitteilungen) in deutscher, englischer, französischer, italienischer, russischer und spanischer Sprache veröffentlicht werden.
2. Jedem Aufsatz sollte vom Autor eine Zusammenfassung in deutscher Sprache sowie in einer Fremdsprache vorangestellt werden.
3. Abbildungen sind in gut reproduzierbaren Vorlagen einzusenden. Die Beschriftung auf den Abbildungen soll mit Bleistift erfolgen. Der Maßstab für eine evtl. Verkleinerung oder Vergrößerung ist in der rechten oberen Ecke ebenfalls mit Bleistift anzugeben.
Bei Karten ist die Quelle und der Maßstab anzugeben.
4. Die Manuskripte sind in Maschinenschrift $1^1/_2$-zeilig auf A-4 Bogen erwünscht.
5. Sollen bestimmte Manuskriptteile kleiner als der übliche Text oder kursiv bzw. gesperrt gesetzt werden, so ist das Manuskript für diesen Teil auch $1^1/_2$-zeilig zu schreiben, aber seitlich mit einem senkrechten Strich zu versehen und mit „Kleindruck“, „kursiv“ oder „gesperrt“ zu kennzeichnen.
6. Für das Literaturverzeichnis sind folgende Angaben erwünscht: Name und abgekürzter Vorname des Autors, Titel der Arbeit, Angabe der Zeitschrift, des Erscheinungsjahres und des -ortes sowie die Seitenangaben; entsprechende Angaben bei Büchern.
7. Die Redaktion macht darauf aufmerksam, daß der Verlag berechtigt ist, dem Autor den über 10% der Gesamtkosten des Satzes hinausgehenden Betrag für Korrekturen, die nicht durch Verschulden der Druckerei entstanden sind, in Rechnung zu setzen.
8. Jeder Autor erhält 50 Sonderdrucke kostenlos; bei Arbeiten mehrerer Autoren erhält jeder Autor 30 Sonderdrucke.
9. Es wird darum gebeten, Manuskripte direkt einem der beiden Herausgeber einzureichen. Die Herausgeber sind berechtigt, ggf. den Autoren Änderungswünsche zu unterbreiten. Anschriften: Prof. Dr. H. Ertel, 1162 Berlin, Müggelseedamm 260, Deutsche Akademie der Wissenschaften zu Berlin, Zentralinstitut für Physik der Erde, Bereich III, Selbständige Abteilung Physikalische Hydrographie, Prof. Dr. E. A. Lauter, 108 Berlin, Otto-Nuschke-Straße 22/23, Deutsche Akademie der Wissenschaften zu Berlin.
10. Für den Inhalt der Arbeiten sind ausschließlich die Autoren verantwortlich. Die Redaktion ist für alle den Druck der Arbeiten betreffenden Fragen zuständig.

Zeitschrift für Meteorologie

Band 22 · HEFT 8–10

SYMPOSIUM

Automatische Meteorologische Stationen

17. bis 18. März 1970

Potsdam

551.508.824

Über Notwendigkeit und Möglichkeit der Anwendung Automatischer Meteorologischer Stationen in bewohnten Gebieten

Von **E. Peters**

Mit 2 Abbildungen

Zusammenfassung: Die Notwendigkeit der Anwendung Automatischer Meteorologischer Stationen in bewohnten Gebieten wird aus der gesellschaftlichen Entwicklung, insbesondere aus dem Wirken der wissenschaftlich-technischen Revolution abgeleitet. Es wird gezeigt, daß der größte Teil der erforderlichen meteorologischen Informationen am Erdboden unter Berücksichtigung der Leistungsfähigkeit von meteorologischen Satelliten und Radargeräten mittels automatischer Meßwertgeber gewonnen werden können. Einige Hinweise auf noch zu lösende Aufgaben werden gegeben.

Резюме: Необходимость применения автоматических метеорологических станций в населенных районах обосновывается общественным развитием, в частности, результатами научно-технической революции. Показывается, что подавляющая часть требуемой метеорологической информации на земле, включая информацию метеорологичесских спутников и радаров может быть получена с помощью автоматических датчиков. Даются несколько указаний на решаемые в будущем проблемы.

Summary: The need to operate automatic meteorological stations in inhabited areas is concluded from the state of development of human society, particularly from the impact of the scientific-technological revolution. It can be shown that most of the required meteorological information at the surface can, with the efficiency of meteorological satellites and radar equipment duly being taken into account, be obtained from automatic sensors. Future tasks are indicated.

In den letzten 50 Jahren hat sich im klassischen meteorologischen Instrumentenwesen, soweit es die Informationsgewinnung am Erdboden betrifft, fast keine nennenswerte Weiterentwicklung ergeben, obwohl hierfür dringende Notwendigkeiten bestanden haben. Das klassische meteorologische Instrumentenwesen ist heute, im Zeitalter der wissenschaftlich-technischen Revolution, an der Grenze seiner Leistungsfähigkeit angelangt. Es ist an der Zeit, darüber nachzudenken, ob und gegebenenfalls wie die meteorologische Informationsgewinnungstechnik weiterentwickelt werden muß, um die Forderungen, die gegenwärtig und in der Zukunft gestellt werden, erfüllen zu können. Es ist eines der Ziele dieses Symposiums, sich hierüber Klarheit zu verschaffen.

Als wissenschaftlich-technische Revolution wird im allgemeinen jener objektiv verlaufende Prozeß bezeichnet, der zu umfassenden und tiefgreifenden qualitativen Veränderungen der Produktivkräfte führt und der alle Bereiche des gesellschaftlichen Lebens umfaßt. Die hervorragenden Merkmale dieses Prozesses sind:

Die Entwicklung der Wissenschaft zur unmittelbaren Produktivkraft.

Die Automatisierung der Produktion, mit der sich die Stellung des Menschen im Arbeitsprozeß qualitativ verändert, indem er mehr und mehr ganze Maschinensysteme überwacht, anstatt selbst an der Durchführung der Operationen beteiligt zu sein und

Die Entwicklung eines neuen Systems der gesellschaftlichen Teilung und Kombination der Arbeit.

Aus diesen typischen Merkmalen der wissenschaftlich-technischen Revolution lassen sich wichtige Richtlinien für die Lösung unserer Aufgabe ableiten. Ich beginne mit dem zweiten Merkmal, nämlich: Die Automatisierung der Produktion. Dieses Merkmal besagt, daß sich im Verlaufe der wissenschaftlich-technischen Revolution die wissenschaftlich-technischen, organisatorischen und ökonomischen Voraussetzungen für den Übergang zur komplexen Anwendung automatisch gesteuerter und geregelter Produktionssysteme herausbilden.

Die Automatisierung ist demnach ein wesentlicher Bestandteil der wissenschaftlich-technischen Revolution. Besonders unter sozialistischen Bedingungen ist dieser Prozeß von hoher gesellschaftlicher Bedeutung und Effektivität, da er den Menschen von körperlich schwerer, geistig eintöniger und routinemäßiger Arbeit befreit und ihn in weitaus größerem Umfange in die produktive und schöpferische Sphäre des gesellschaftlichen Lebens führt.

Dieses wichtige Merkmal hat für die Meteorologie mehrere interessante Aspekte.

Erstens ist die meteorologische Informationsgewinnung — im Gegensatz zum eigentlichen Prozeß der Wetterprognose — eine routinemäßige Arbeit, die nach bestimmten Vorschriften und Programmen abläuft. Solche objektivierbaren Prozesse sind, da sie sich dauernd wiederholen, besonders für den Einsatz automatischer Systeme geeignet.

Zweitens wirkt sich die Automatisierung in technischer Hinsicht vor allem auf jene Zweige der Technik und der Produktion aus, die die Grundlagen für das Messen, das Steuern und das Regeln schaffen, nämlich in der Meß-, Steuer- und Regeltechnik, in der Elektronik und Elektrotechnik, im Geräte- und Maschinenbau und in der Energiewirtschaft. Im Prinzip gibt es nun zwischen der modernen Betriebsmeßtechnik, die für die Anwendung der Automatisierungstechnik wichtige Voraussetzung ist, und der Meßtechnik in der Meteorologie keine Unterschiede. Unterschiede existieren höchstens bezüglich der Meßwertgeber. Zum Teil werden jedoch auch die gleichen Meßwertgeber verwendet, wie zum Beispiel für die Temperaturmessung das Widerstandsthermometer oder der Thermistor. Es kann also mit dem fortschreitenden Grad der Automatisierung damit gerechnet werden, daß für viele Zwecke der meteorologischen Informationsgewinnung erprobte automatische Meßwertgeber und Datenerfassungsanlagen zur Verfügung stehen, die direkt oder in adaptierter Form für meteorologische Zwecke genutzt werden können.

Aber auch die sich mit der Automatisierung vollziehende und untrennbar verbundene grundlegende Umwandlung der Qualifikationsstruktur des größten Teils der Werktätigen ist sorgfältig zu beachten.

Bereits heute ist zu erkennen, wenn auch vielfach durch den allgemeinen Arbeitskräftemangel zuweilen verdeckt, daß die Werbung von jungen Kräften für das meteorologische Beobachtungsnetz außerordentlich schwierig ist. Daß es sich hierbei wirklich um Bildungsprobleme handelt, mag daraus hervorgehen, daß Weiterbildungsfragen für diese Mitarbeiter eine wichtige Rolle spielen. Für die Erfüllung der Aufgaben an einer Meteorologischen Station sind gegenwärtig jedoch die Kenntnisse eines Assistenten für Meteorologie, wie er z. B. in der DDR ausgebildet wird, ausreichend. Es ergeben sich in zunehmendem Maße Widersprüche zu dem Bildungsstreben des Einzelnen, die zumeist dadurch gelöst werden, daß der Betroffene eine andere Arbeit übernimmt, für die er sich weiterbilden kann und muß. Diese Widersprüche werden sich im Verlaufe der wissenschaftlich-technischen Revolution noch verstärken, so daß, wenn man bei der gegenwärtigen Form und Technik der meteorologischen Informationsgewinnung bliebe, man auf die Dauer nicht lösbare Personalprobleme erzeugen würde.

Nicht nur die zu erwartende Personallage zwingt zu der Schlußfolgerung, weitestgehend automatisierte Informationsgewinnungsanlagen einzusetzen, sondern die bereits gegenwärtig deutlich erkennbare, auf die Automatisierung der Produktion gerichtete Umstellung der allgemeinen Meßtechnik macht dies zu einer unabdingbaren Notwendigkeit. Die Nichtbeachtung dieser Notwendigkeit würde dazu führen, daß die meteorologische Meßtechnik eines Tages völlig veraltet und damit ungenügend leistungsfähig wäre. Denn nicht zuletzt aus dem Merkmal der wissenschaftlich-technischen Revolution, wonach die Wissenschaft mehr und mehr zur unmittelbaren Produktivkraft wird, läßt sich ableiten, daß künftig an die Meteorologie und damit auch an die meteorologische Informationsgewinnung höhere Anforderungen gestellt werden. Ich möchte im folgenden auf diese Forderungen etwas genauer eingehen und versuchen, wichtige Schlußfolgerungen für den Bereich der Informationsgewinnung abzuleiten.

Wir fassen den Meteorologischen Dienst als ein sich selbst regulierendes System auf. Dieses System ist schematisch in der Abbildung 1 dargestellt.

Das Schema geht davon aus, daß der eigentliche „Prozeß" eines Meteorologischen Dienstes in der Gewinnung von Informationen über den Zustand der Atmosphäre und ihre Verarbeitung zu Vorhersagen künftiger Zustände (REAL-TIME-VERARBEITUNG), der Erarbeitung von Gutachten und Auskünften über vergangene Zustände (NON-REAL-TIME-VERARBEITUNG) und der Ableitung von Gesetzmäßigkeiten über das Verhalten der Erdatmosphäre (FORSCHUNG) besteht. Das Schema enthält ferner die Stufe INFORMATIONSBEARBEITUNG; hierunter wird die primäre Behandlung der meteorologischen Informationen verstanden, d. h. ihre Prüfung, Korrektur und Darstellung in einer Form, die für die folgenden Verarbeitungsstufen günstig ist.

Bereits aus dieser schematischen Darstellung geht der enge Zusammenhang zwischen der Informationsgewinnung und den einzelnen Stufen der Informationsverarbeitung hervor. Es ist offensichtlich, daß dieser Zusammenhang bei der Realisierung eines solchen komplizierten Vorhabens, wie es die Automatisierung der Informationsgewinnung darstellt, streng beachtet werden muß. Insbesondere müssen die Entwicklungstendenzen in den einzelnen Verarbeitungsstufen sorgfältig analysiert werden. Bevor ich jedoch die Perspektiven der einzelnen Verarbeitungsstufen kurz darstelle, möchte ich auf ein prinzipielles, nach meiner Auffassung alle Automatisierungsvorhaben betreffendes Problem eingehen.

Automatisierten Anlagen und Prozessen wird zuweilen ein erhebliches Mißtrauen entgegengebracht. Dies ist natürlich unter den Meteorologen, insbesondere den Synoptikern und den Klimatologen, nicht anders. Man kann dafür ein gewisses Verständnis aufbringen, denn sie sind es, die etwaige Unzuverlässigkeiten automatisierter meteorologischer Meß- und Verarbeitungsanlagen am meisten zu spüren bekommen. Aber sie sind es auch, die bedeutend dazu beitragen können, daß solche Unzuverlässigkeiten nicht auftreten. Ich will damit sagen, daß sie sich von bestimmten Gewohnheiten lösen sollen. Hier ein Beispiel, das außerhalb der Meteorologie liegt und deshalb vielleicht als neutral angesehen werden kann. Angenommen, jemand käme auf den Gedanken, ein Auto konstruieren zu wollen, indem er eine, zu ihrer Zeit sehr bewährte Postkutsche nähme und darauf einen modernen Benzinmotor setzte. Ein solches Gefährt würde sich zwar zu bewegen in der Lage sein, jedoch gegenüber den zeitgenössischen Kraftfahrzeugen erhebliche „Unzulänglichkeiten" besitzen. Dies ist ein Beispiel für jenen allgemeinen Fall, in dem versucht wird, bewährte herkömmliche Verfahren durch die Hinzufügung moderner technischer Mittel automatisieren zu wollen. Solchen Versuchen sind bisher mit relativ großer Wahrscheinlichkeit Mißerfolge beschieden gewesen. Die Schlußfolgerung hieraus sollte sein, daß wir uns in unserer Arbeit vor solchen Kombinationen hüten mögen.

Ich möchte nun auf einige Entwicklungstendenzen eingehen, die im Hinblick auf die Entwicklung von Automatischen Meteorologischen Stationen von Bedeutung zu sein scheinen.

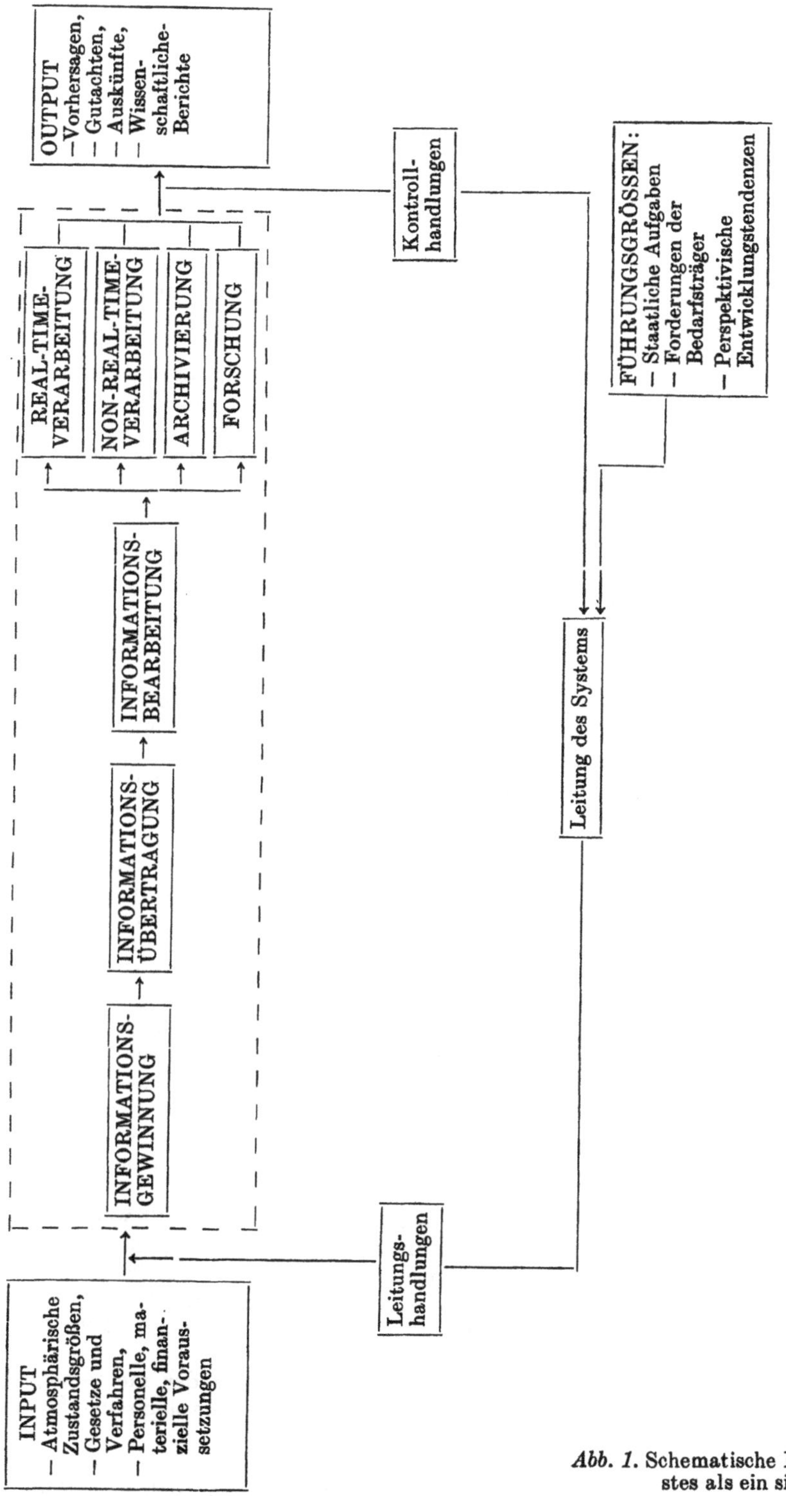

Abb. 1. Schematische Darstellung eines Meteorologischen Dienstes als ein sich selbst regulierendes System

Ich gehe davon aus, daß es das Hauptziel der nationalen Meteorologischen Dienste ist, die Gesellschaft, insbesondere die Volkswirtschaft des jeweiligen Landes mit maximal nutzbaren meteorologischen Informationen zu versorgen. Seitens dieser Bedarfsträger werden im allgemeinen zwei Arten von Forderungen an die Meteorologischen Dienste gestellt: Man möchte einerseits eine langfristigere Wetterprognose haben als gegenwärtig die Meteorologischen Dienste zu geben in der Lage sind, und man möchte andererseits die meteorologischen Informationen wesentlich detaillierter in räumlicher, zeitlicher und sachlicher Hinsicht empfangen.

Eine Wetterprognose, die sich über mehrere Wochen und Monate erstreckt, dürfte ohne Zweifel von größtem Wert für die Volkswirtschaft sein. Es werden sich jedoch in absehbarer Zeit nicht die wissenschaftlichen Grundlagen hierfür schaffen lassen. Die bisherigen Kenntnisse über die allgemeine Zirkulation der Erdatmosphäre sind zur Zeit noch nicht ausreichend dafür. Jedoch wird gerade dieses Problem – nämlich das bessere Verständnis der allgemeinen Zirkulation der Erdatmosphäre – in den Mittelpunkt der weltweiten meteorologischen Forschung gerückt [1].

Die wichtigste Ursache für die ungenügenden Kenntnisse auf diesem Gebiet ist gegenwärtig vor allem das Fehlen von ausreichenden meteorologischen Informationen aus weiten Gebieten der Erde: Von den Ozeanen, Wüsten und den Polargebieten.

Es ist leicht verständlich, daß mit der derzeitigen meteorologischen Beobachtungs- und Meßtechnik keine Verbesserung der Lage erzielt werden kann.

Das spezielle, zum Studium dieser Probleme projektierte „Global Atmospheric Research Programme" (GARP) basiert auf dem Einsatz von zum Teil ganz neuartigen Informationsgewinnungssystemen wie meteorologischen Satelliten, meteorologischen Raketen, driftenden Systemen von Radiosonden und Automatischen Meteorologischen Stationen auf dem Festland und den Ozeanen.

Allein das GARP, in dessen Ergebnis man sich bekanntlich die Verlängerung des Vorhersagezeitraums auf etwa zwei Wochen oder vielleicht auch mehr verspricht, wird zu einer Veränderung der Technologie der Informationsbe- und -verarbeitung führen. Um die zu erwartende Informationsmenge, die sowohl in qualitativer als auch quantitativer Hinsicht sich bedeutend von der heutigen unterscheiden wird, mit größtem Effekt nutzen zu können, müssen leistungsfähige Datenverarbeitungsanlagen verwendet werden. Dies stellt natürlich ganz konkrete Forderungen an die Informationsübertragung und auch an die Informationsgewinnung. Die Lösung des Nachrichtenproblems wird bekanntlich seit längerer Zeit aktiv in aller Welt betrieben.

Die Erfüllung der Forderung nach meteorologischer Beratung hinsichtlich der räumlichen, zeitlichen und sachlichen Detaillierung kann sehr viel kurzfristiger erfolgen als dies bei der langfristigen Wettervorhersage der Fall ist. In den letzten Jahren hat sich in der Fachliteratur der Begriff der Mesometeorologie herausgebildet. Damit wird im allgemeinen die Lehre von Wettererscheinungen bezeichnet, die für kleine Räume, Größenordnung der charakteristischen Distanzen etwa 50 bis 500 km, typisch sind.

Aus den vorliegenden Ergebnissen und Erfahrungen folgt, daß die Mesometeorologie Forderungen an den Meteorologischen Dienst stellt, die teilweise jene übersteigen, die sich aus den synoptischen und numerischen Methoden der großräumigen Analyse ergeben. Im wesentlichen betrifft dies die höhere Beobachtungsfrequenz in der Größenordnung 1 bis 6 pro Stunde und die zusätzliche Erfassung der für den jeweiligen Mesobereich besonders interessanten Wettererscheinung, wie z. B. Nebel, Gewitter o. ä.. Gelegentlich kann auch die Forderung entstehen, das Beobachtungsnetz relativ stark zu verdichten.

Ohne auf weitere Einzelheiten an dieser Stelle einzugehen, kann abgeleitet werden, daß auch für diesen Zweck die klassischen Methoden der meteorologischen Beobachtungs- und Meßtechnik nicht mehr ausreichen. Bereits heute ist es nicht möglich, den großen Umfang der gesammelten meteorologischen Informationen weder für die Zwecke der Wetterprognose noch für statistische Belange systematisch und umfassend auszuwerten. Der Grund hierfür liegt darin, daß selbst bei automatischer Weiterverarbeitung die eigentliche Auswertung und Prüfung der Informationen manuell erfolgen müssen. Bei einer Erhöhung der Beobachtungsfrequenz und einer teilweisen Verdichtung des Netzes erhöht sich – bezogen auf das Beobachtungsnetz des Meteorologischen Dienstes der DDR – die anfallende Datenmenge um das 2- bis 3fache. Da, wie bereits vorher aufgeführt, mit hoher Wahrscheinlichkeit in den künftigen Jahren weder genügende Kräfte zur Besetzung der erforderlichen Anzahl Meteorologischer Stationen noch zur Auswertung und Prüfung der anfallenden umfangreichen Informationsmenge zur Verfügung stehen, müssen Forderungen an die Informationsgewinnung gestellt werden, die mit der vorher erwähnten Entwicklungstendenz bezüglich des Einsatzes von elektronischen Datenverarbeitungsanlagen in Übereinstimmung stehen:

Die meteorologischen Informationen müssen in einer Form zur Verarbeitung bereitgestellt werden, die den Einsatz maschineller Mittel erlaubt und sie müssen möglichst automatisch gewonnen werden.

Die Notwendigkeit, sich intensiv mit der Entwicklung und Anwendung Automatischer Meteorologischer Stationen zu befassen, ist also durch die allgemeine gesellschaftliche Entwicklung, nämlich durch das Wirken der wissenschaftlich-technischen Revolution, begründet. Gibt es gegenwärtig nun reale Möglichkeiten, solche Stationen einzusetzen?

Dem Postkutschenbeispiel folgend ist natürlich zunächst zu überlegen, welche der meteorologischen Elemente, die bisher am Erdboden erfaßt werden, auch künftig mit Automatischen Meteorologischen Stationen gewonnen werden müssen.

Wenn man alle existierenden meteorologischen Beobachtungsvorschriften analysiert, gelangt man zu einer Vielzahl von Elementen, die gegenwärtig beobachtet werden. Hierunter befinden sich auch eine Reihe von Größen, die aus traditionellen Gründen erfaßt werden, obwohl die sie bedingenden Ursachen bekannt sind oder die Erscheinungen, für die sie Indikatoren sind, durch objektive Verfahren erfaßt werden können. Dies trifft zum Beispiel auf einen Teil der optischen Erscheinungen voll zu.

Wenn man Elemente dieser Art unberücksichtigt läßt, findet man eine Reihe von Größen, die sich aus anderen beobachteten Elementen ableiten lassen. Dies kann durch die geeignete Kombination von Informationen (z. B. Rauchtrübung – horizontale Sicht, Luftfeuchte, Erdbodenzustand, Niederschlag) oder durch die Erfassung des zeitlichen Verlaufs des betreffenden Elements mit der notwendigen Auflösung erfolgen. Als primär zu erfassen verbleiben die in Abbildung 2 aufgeführten Elemente.

Element	Gibt es „automatische" Meßwertgeber?
Direkte Sonnenstrahlung	nein
Globalstrahlung	ja
Strahlungsbilanz	nein
Horizontale Sicht	ja
Landebahnsicht	ja
Lufttemperatur	ja
Erdbodentemperatur	ja
Luftdruck	ja
Windrichtung	ja
Windgeschwindigkeit	ja
Luftfeuchte	ja
Gesamtbedeckung	nein
Wolkenart	nein
Höhe der unteren Wolkengrenze	ja
Regenhöhe	ja
Schneehöhe	nein
Niederschlagsarten	nein
Abgesetzte Niederschläge	ja
Gewitter	ja
Erdbodenzustand	nein
Staub	nein
SO_2	ja
O_3	ja
Radioaktivität der Luft	ja

Abb. 2. Übersicht über die am Erdboden zu erfassenden meteorologischen Elemente und über die Möglichkeit ihrer Erfassung mittels „automatischer" Meßwertgeber

In der Abbildung ist gleichzeitig angegeben, ob für diese Elemente „automatische" Meßwertgeber zur Verfügung stehen. Als „automatisch" wird ein Meßwertgeber angesehen, wenn er selbsttätig die Werte des jeweiligen Elements in Werte einer möglichst elektrischen oder mechanischen Größe umwandeln kann, und wenn im allgemeinen ein wartungsfreies Arbeiten über 1 Monat gewährleistet ist.

Aus dieser Übersicht geht hervor, daß zur Zeit noch nicht alle am Erdboden zu erfassenden meteorologischen Elemente automatisch gewonnen werden können. Wie dies in einem Stationsnetz erfolgen kann, wird in [2] gezeigt.

Für die automatisch erfaßbaren Elemente wurden in den vergangenen Jahren relativ viele Geräte und Anlagen entwickelt und hergestellt.

Seit den fünfziger Jahren sind in vielen Ländern Arbeiten zur Entwicklung Automatischer Meteorologischer Stationen durchgeführt worden. Wenn auch zunächst der Einsatz in unbewohnten Gebieten im Vordergrund des Interesses stand, wurden mehr und mehr Arbeiten durchgeführt, um ähnliche Anlagen für die Anwendung in bewohnten Gebieten zu schaffen. Obwohl sich die Anlagen, die für den Einsatz in bewohnten Gebieten vorgesehen sind, sowohl durch die Anzahl der zu erfassenden Elemente als auch durch die Betriebssicherheit von den Anlagen unterscheiden, die in unbewohnten Gebieten Anwendung finden, hat sich für beide Arten der Begriff „Automatische Meteorologische Station" eingebürgert.

Zu dem Wert solcher Stationen hat sich die im Jahre 1966 von der WMO veranstaltete Technische Konferenz über Automatische Meteorologische Stationen geäußert. Sie akzeptierte den Ersatz bemannter Stationen durch automatische Anlagen, soweit die subjektiven Größen von der Erfassung ausgeschlossen sind. Die Konferenz hob ferner hervor, daß automatische Stationen eine sehr gewichtige Rolle nicht nur in unbewohnten und unzugänglichen Gebieten, wo die Unterhaltung bemannter Stationen zu schwierig und zu kostspielig ist, spielen können, sondern auch in jenen bewohnten Gebieten, wo der Mangel an ausgebildetem technischem Personal das Betreiben eines ausreichend dichten Netzes ausschließt [3].

Seit den fünfziger Jahren ist eine Reihe von Projekten für Automatische Meteorologische Stationen bekannt geworden. Besonders hervorheben möchte ich eine Arbeit der sowjetischen Autoren *Korsun*, *Zidelnikow* und *Sternsat* aus dem Jahre 1961 mit dem Titel „Die komplexe Automatisierung der hydrometeorologischen Arbeiten und die Schaffung eines Netzes automatischer, fernmeldender Stationen" [4]. Dieser Artikel erscheint mir deshalb von besonderer Bedeutung zu sein, weil in ihm erstmalig auf die Notwendigkeit der komplexen Automatisierung in der Meteorologie hingewiesen wird.

Hinreichend bekannt sind inzwischen die Vorhaben des HMD der UdSSR auf diesem Gebiet und die Absicht, gegenwärtig in der Bjelorussischen SSR ein Experimentalgebiet von etwa 50 automatischen Stationen einzurichten. Über die Eigenschaften und die Leistung des Typs der einzusetzenden Automatischen Meteorologischen Station werden in den folgenden Vorträgen noch ausführliche Informationen gegeben.

Auch der Meteorologische Dienst der USA sieht die durchgängige Automatisierung der Erfassung der meteorologischen Informationen am Erdboden vor. Bekannt geworden sind die Anlagen der AMOS-Reihe und die neueren Entwicklungen auf diesem Gebiet.

In vielen anderen Ländern wurden Automatische Meteorologische Stationen konstruiert und mit mehr oder weniger gutem Erfolg erprobt. Hierzu gehören z. B. Rumänien, Schweden, Frankreich, England, Japan u. a..

Der Meteorologische Dienst der DDR befaßt sich seit einigen Jahren mit der komplexen Automatisierung des meteorologischen Beobachtungswesens. Einzelheiten hierüber werden in den folgenden Vorträgen mitgeteilt werden.

Insgesamt kann man einschätzen, daß bereits eine Vielzahl von technischen Anlagen entwickelt wurden, um die automatisch erfaßbaren meteorologischen Elemente mit entsprechenden Gebern zuverlässig zu gewinnen.

Wenn auch bereits eine Vielzahl guter Ergebnisse bei der Entwicklung und Anwendung Automatischer Meteorologischer Stationen erzielt worden ist, so scheinen mir doch noch zahlreiche und recht komplizierte Probleme der Lösung zu harren. Darunter fallen sowohl meteorologisch-methodische Fragen als auch Fragen rein technischer Natur.

Vom meteorologisch-methodischen Standpunkt her muß geklärt werden, wie in optimaler Weise die modernen Techniken der meteorologischen Informationsgewinnung zusammenwirken können. Hierbei muß man insbesondere von den perspektivischen Potenzen ausgehen, die der Einsatz von meteorologischen Satelliten, meteorologischen Radargeräten und Automatischen Meteorologischen Stationen bieten. Hierbei muß insbesondere untersucht werden, ob oder inwieweit sogenannte „Gefahrenmeldungen" künftig noch von Bedeutung sein werden. Ich betone nochmals, daß dies in erster Linie ein meteorologisch-methodisches Problem ist und daß die aufgeworfenen Fragen in erster Linie von den Prognostikern beantwortet werden müssen. Die Antwort kann jedoch die technische Ausführung der Automatischen, Fernmeldenden Meteorologischen Stationen wesentlich beeinflussen, insbesondere hinsichtlich der Gestaltung des Informationsübertragungssystems.

Ein anderes Problem, das mehr die Gestaltung der Informationsbearbeitung (primäre Bearbeitung) betrifft, ergibt sich daraus, daß man prinzipiell annehmen sollte, die von Automatischen Meteorologischen Stationen gewonnenen Informationen seien falsch! Aus dieser Annahme ergibt sich zwangsläufig, daß alle Informationen, bevor sie verarbeitet werden, einer Prüfung unterzogen werden müssen. Das bedeutet, daß die Informationen sehr schnell – und bei dem Umfang selbstverständlich automatisch – geprüft werden müssen. Während für die automatische Prüfung der aerologischen Daten und die maschinelle Prüfung der Klimadaten bereits Methoden entwickelt worden sind, ist dies für die schnelle automatische Prüfung der am Erdboden gewonnenen meteorologischen Informationen kaum der Fall.

Aus der Abbildung 2 ging hervor, daß noch nicht für alle am Erdboden zu erfassenden meteorologischen Elemente automatische Meßwertgeber zur Verfügung stehen. Hierzu gehören die Strahlungsbilanz und die Bestimmung des Erdbodenzustandes. In dem Maße, in dem man künftig bei der numerischen meteorologischen Prognose *diabatische* Modelle benutzen wird, in dem Maße werden netzmäßige Angaben über die Strahlungsbilanz und den Erdbodenzustand erforderlich sein. Man müßte also Anstrengungen unternehmen, um für diese Elemente zuverlässige automatische Meßwertgeber zu entwickeln.

Es wäre zu begrüßen, wenn alle an der Lösung des Problems interessierten Seiten ihre Kräfte koordinieren würden, um ein modernes System der Informationsgewinnung zu schaffen. Nach meiner Auffassung ist es notwendig, die Tätigkeit der Meteorologischen Dienste mit modernsten Mitteln zu betreiben, um die Forderungen, die an sie in der Zukunft in zunehmendem Maße gestellt werden, erfüllen zu können.

Literatur

[1] *ICSU/IUGG – COSPAR*, Report of the Study Conference on „The Global Atmospheric Research Programme" (GARP) Stockholm, Juni, Juli 1967.

[2] *Peters, E.*, Grundsätze des netzmäßigen Einsatzes Automatischer Meteorologischer Stationen in bewohnten Gebieten am Erdboden. Z. f. Met. Bd. 22, Heft 8–10, S. 308–312

[3] *WMO*, Meteorological Observations from Automatic Weather Stations. World Weather Watch, Planning Report No. 10. Secretariat of the WMO – Geneva – Switzerland, 1966.

[4] *Korsun, W. J.*, *Zidelnikow, W. W.* und *M. Z. Sternsat*, Die komplexe Automatisierung der hydro-meteorologischen Arbeiten und die Schaffung eines Netzes automatischer fernmeldender Stationen. Meteorologija i Gidrologija, *2*, 1961.

Anschrift: Dr. E. Peters, Meteorologischer Dienst der DDR, 15 Potsdam, Luckenwalder Str. 42–44–46

551.508.824

Унифицированная Автоматическая Телеметрическая Гидрометеорологическая станция УАТГМС-4

И. П. Кузьминых

С 4 рисунками

Zusammenfassung: Es wird über die Entwicklung der „Vereinheitlichten Automatischen Fernmeldenden Hydrometeorologischen Station" UATGMS-4 berichtet. Nach einer Zusammenfassung der an eine solche Station zu stellenden Anforderungen folgen detaillierte Angaben über die Arbeitsweise der Station. Die Meßwertgeber für die meteorologischen Elemente Lufttemperatur, Luftdruck, Windrichtung und -geschwindigkeit, Luftfeuchte, Sonnenscheindauer, Regenmenge, Erdbodentemperatur, Rauhreifablagerung, Wolkenuntergrenze und Sichtweite werden in ihrer Funktion kurz beschrieben. Ausführlicher werden die Baugruppen behandelt, die die Meßwertgeber abfragen und das Arbeitsprogramm der Station steuern. Der Datenfluß vom Meßwertgeber bis zur Ausgabe wird für jedes meteorologische Element erklärt, insbesondere auch die Herstellung der Einheiten für die Meßgrößen. Die Abfrage der Station durch jeden Interessenten ist gesichert. Abschließend erfolgt eine Information über das erste Netz von 50 Stationen in der Belorussischen SSR, das Erfahrungen über Probleme eines mit automatischen Stationen in bewohnten Gebieten arbeitenden Netzes sammeln soll. Eine Tabelle enthält die technischen Daten der Station UATGMS-4.

Summary: The study is concerned with the development of the „Standardized Automatic Remote-Transmitting Hydrometeorological Station" UATGMS-4. After summarizing the requirements for the operation of such type of station, details are added on the working principle of the station.

The functions of the sensors for the meteorological elements: atmospheric pressure, air temperature, wind direction and velocity, atmospheric humidity, sunshine duration, amount of rainfall, soil temperature, rime deposits, height of the base of cloud, and visibility are described briefly.

In more detail follows a description of the functional units interrogating the sensors and controlling the station's programme. Comments are given on the data flow from the sensor to the output for each of the meteorolocigal elements, and particularly on the manufacturing of the functional units for the various parameters. Interrogation by any user interested in such data is safeguarded. Information is added on the first 50-station network in the Byelorussian SSR which is to gain experiences on the practicability of automatic station networks in inhabited areas. In an appendix technical details of the UATGMS-4 type station are added.

Резюме: Описание Унифицированной автоматической телеметрической гидрометеорологической станции УАТГМС-4. краткий обзор требований, предъявляемых к таким станциям и подробные данные о принципе работы станции. Краткое описание принципов работы датчиков метеорологических элементов температура воздуха, давление воздуха, направление и скорость ветра, влажность воздуха, продолжительность солнечного синния, количество жидких осадков, температура почвы, гололедные отложения, нижняя граница облаков и дальность видимости. Более подробно описываются блоки, опрашивающие датчики и управляющие рабочей программой станции. Поток данных от датчиков до вывода объясняется для каждого метеорологического элемента в отдельности, в частности обсуждается изготовление блоков измеряемых величин. Обеспечивается опрос станции любым потребителем. Дается информация о первой сети, имеющей 50 станций на территории Белорусской ССР и накапливающей опыт относительно работы сети автоматических станций в населенных районах. В приложении указаны все технические данные станции УАТГМС-4.

Введение

В настоящее время усилия гидрометеорологической службы СССР направлены на создание системы комплексной автоматизации, которая обеспечит получение, передачу, обработку, хранение метеорологической информации с наименьшей затратой времени и средств, позволит освоить в метеорологическом отношении труднодоступные районы, повысить качество обслуживания народного хозяйства.

Инструментальной основой системы комплексной автоматизации наряду с радиолокационными системами, системами радиозондирования и метеорологическими спутниками являются унифицированные автоматические телеметрические гидрометеорологические станции (УАТГМС).

Проект комплексной автоматизации предусматриавет, как один из типов, автоматическую станцию для установки в населенных районах, находящуюся под контролем обслуживающего персонала. Создание обслуживаемой станции явилось целью разработки УАТГМС-4. При разработке учитывались следующие узловые моменты, определившие структуру станции и принципы построения отдельных функциональных звеньев:

1. Высокая точность измерений.
2. Универсальность аппаратуры, предполагающая возможность подключения различных комплектов датчиков, гибкость программы измерений и регистрации.
3. Выдача результатов измерения для оперативного использования в виде, не требующем дальнейшей обработки, т. е. в „натуральном" масштабе и общепринятых физических единицах.

4. Непрерывнове слежение за метеорологической ситуацией и штормооповещение.

5. Взаимозаменяемость блоков, в том числе одноимённых датчиков.

6. Максимальное использование серийно-выпускаемых приборов, в том числе датчиков, унифицированных с другими типами станций.

7. Технологичность при серийном производстве.

8. Минимальная стоимость аппаратуры.

9. Простое обслуживание.

В настоящее время разработано в различных странах несколько станций, удовлетворяющих подобным требованиям. Как правило, они содержат достаточно сложное электронное вычислительное устройство, имеют, соответственно, высокую стоимость и пригодны для установки в обсерваториях, аэпортах и т. п., но не могут широко использоваться на сети гидрометеорологических станций.

При разработке станции УАТГМС-4 большое внимание уделено такому построению измерительных схем, чтобы учёт градуировочных характеристик датчиков, необходимое масштабирование обеспечивалось без специального вычислительного устройства.

Структура станции, принцип действия

Автоматическая станция УАТГМС-4, как любая телеметрическая система, содержит датчики, согласующие узлы или устройства первичного преобразования сигналов датчиков, измерительно-кодирующее устройство, устройство вывода, программно-коммутирующее устройство.

Структурная схема представлена на рис. I.

Датчики осуществляют преобразование гидрометеорологических параметров в электрические параметры (сигналы). Поскольку измеряемые элементы разнообразны по физической природе, а датчики работают в очень сложных внешних условиях и должны быть по-возможности, простыми, то их выходные параметры также различны. Унификация по выходным параметрам обеспечивается согласующими устройствами, которые размещаются в более благоприятных условиях.

В настоящее время станция УАТГМС-4 оснащается следующими датчиками:

– датчик температуры воздуха на базе платинового термометра сопротивления; аспирация обеспечивается электрическим вентилятором;

– датчик атмосферного давления на базе ртутного барометра, снабженного фотоэлектрическим устройством слежения за мениском ртути; выход датчика – потенциометр; имеется схема автоматического приведения показаний к 0 °C; возможно приведение показаний к уровню моря;

– датчик скорости и направления ветра имеет в качестве приёмника скорости четырёхлопастный пластмассовый винт, размещенный на флюгере „самолётной“ формы. Выход датчика импульсный, частота импульсов пропорциональна скорости ветра, направление ветра, преобразуется в фазовый сдвиг двух последовательностей импульсов;

– датчик влажности воздуха построен на компенсационном способе измерения температуры точки росы посредством электролитического чувствительного элемента с подогревом. Чувствительный элемент, содержащий LiCl, в перерывах между измерениями осушен влагопоглотителем;

– датчик наличия солнечного сияния на основе кремниевых фотопреобразователей (солнечная батарея);

– датчик количества жидких осадков, работающий на принципе самоопрокидывающегося челнока. Выход датчика импульсный;

– датчики температуры почвы на различных глубинах на базе платиновых термометров сопротивления;

– датчик гололёдных отложений, измеряющий вес гололёда на стержне при помощи пружинных весов, выход датчика потенциометрический;

– датчик высоты нижней границы облаков – импульсный светолокатор;

– датчик дальности метеорологической видимости РДВ – автоматический компенсационный измеритель прозрачности атмосферы с большой базой.

Аналоговые датчики (датчики сопротивления, потенциометрические) подключаются непосредственно к измерительно-кодирующему устройству.

Дискретные датчики имеют на выходе сигналы в виде импульсов или кодовых комбинаций.

Эти сигналы преобразуются согласующими устройствами в двоичный код, а затем в сопротивление. Такое преобразование вызвано особенностями измерительно-преобразующей системы, выполняющей функции основного масштабирующего и линеаризирующего звена для выдачи данных в натуральных величинах.

Согласующие устройства (*СУ*) кроме преобразования сигналов обеспечивают также необходимое управление датчиками. Для аналоговых датчиков в составе этих устройств находятся релейно-коммутационные схемы, некоторые специальные источники питания и усилители. СУ дискретных датчиков представляют собой довольно сложные блоки, имеющие иногда самостоятельное значение, как дистанционные измерительные приборы.

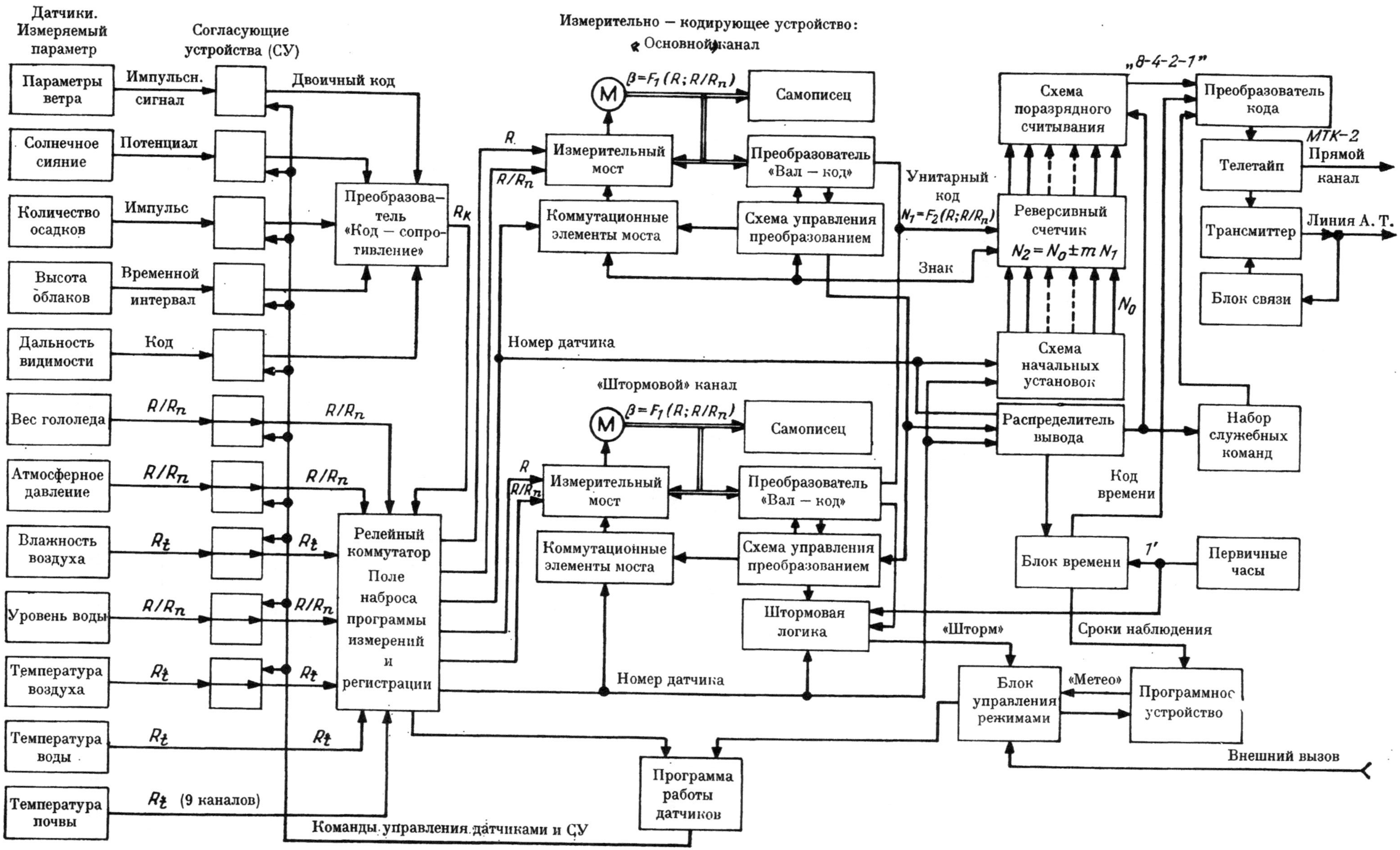

Рис. 1. Станция УАТГМС-4. Структурная схема

Блок измерения высоты облаков обеспечивает сопряжение автоматики с импульсным оптическим измерителем (светолокатором). Временной интервал между зондирующим и отраженным импульсами локатора преобразуется высокочастотной дискретной схемой в двоичный код.

Блок измерения метеорологической дальности видимости обеспечивает сопряжение автоматики с прибором РДВ. Прибор РДВ имеет линейный выход в единицах прозрачности. Для приведения показаний к логарифмической шкале дальности видимости установлен преобразователь «Вал-код», на выходе которого получается для дистанционной передачи последовательный специальный код с логарифмическим законом нарастания «Веса» импульсов.

Счётчик с обратными связями обеспечивает дальнейшее преобразование импульсов в двоичный код метеорологической дальности видимости.

Блок параметров ветра измеряет мгновенную скорость, средние за 10 минут скорость и направление, максимальную за период между сроками наблюдения скорость ветра. Блок выполнен полностью на элементах дискретной техники.

Измерение мгновенной и средней скорости производится методом счёта количества импульсов за соответствующие временные интервалы (2 сек, 10 мин.).

Среднее направление ветра определяется методом численного интегрирования (интегрирование скорости и направления производится независимо). Схема и принцип действия измерителя среднего направления показаны на рис. 2. Фазовый сдвиг сигналов датчика преобразуется во временные интервалы, длительность которых прямо пропорциональна углу поворота флюгера и обратно пропорциональна скорости. Эти интервалы преобразуются в пакеты импульсов с постоянной частотой заполнения f, последние накапливаются в двоичном счётчике. Суммарное количество импульсов за постоянное время 10 мин. пропорционально среднему направлению и не зависит от скорости.

Для устранения ошибок измерения при северном направлении, где наблюдается разрыв интегрируемого параметра, датчик имеет две точки начала отсчёта, сдвинутые на 180°. Выбор точки отсчёта производится в начале измерения автоматически.

Максимальная скорость ветра определяется логическим устройством, которое хранит значение максимальной скорости, сравнивает его с мгновенной скоростью и записывает новые значения при повышении последней. Логическое устройство построено на счётчиках, оперирующих с унитарными кодами.

Измерительно-кодирующее устройство состоит из автоматического моста, преобразователя „Аналог-код" и двоично-десятичного счётчика. В станции УАТГМС-4 применён уравновешенный мост постоянного тока с реохордом в измерительной диагонали. Схема моста и принцип действия показан на рис. 3.

Измеряемое сопротивление R_x, например, платиновый термометр сопротивления, включается в одно из плеч моста. Потенциометры включаются в узел моста, противоположный реохорду.

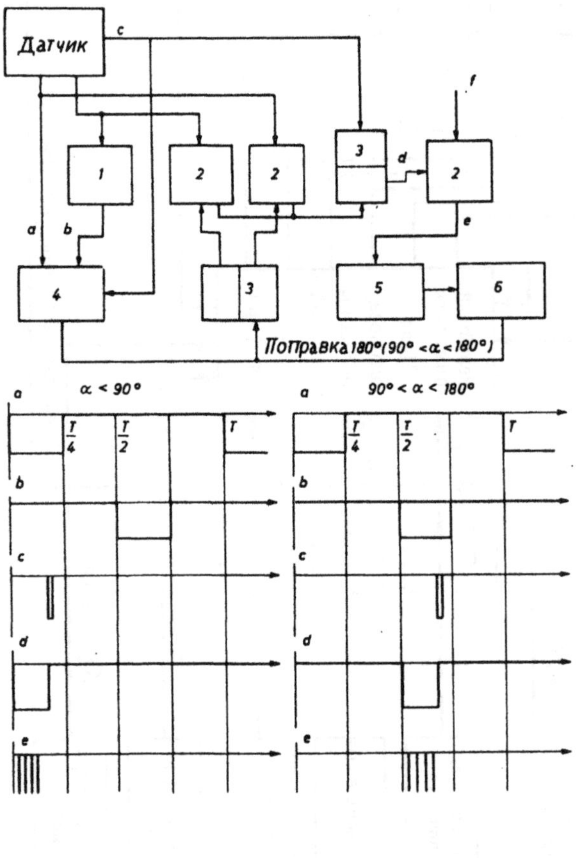

Рис. 2. Узел среднего направления ветра. Блок схема 1-инвертор. 2-електронный ключ. 3-триггер. 4-схема определения начала отсчета. 5-делитель 6-счетчик.

$$R1 = R2. \qquad r_p = r_d = r. \qquad r_p = r_d = \frac{r_p \cdot R_{ш}}{R_{ш} + r_d + r_p}$$

$$R_x + R_0' + r + \beta r = R_o + r - \beta r;$$

$$\beta = \frac{1}{2} \cdot \frac{R_0' - R_0}{r_p} + \frac{1}{2\, r_p'} \cdot R_x;$$

$$\underline{\beta = a + K \cdot R_x}$$

$$\text{При } R_x = R_{xo} \pm \alpha \cdot x$$

$$\underline{\beta = a' \pm K \cdot \alpha\, x} \quad , \quad a' = \frac{1}{2\, r_p'} (R_0' + R_{xo} - R_0).$$

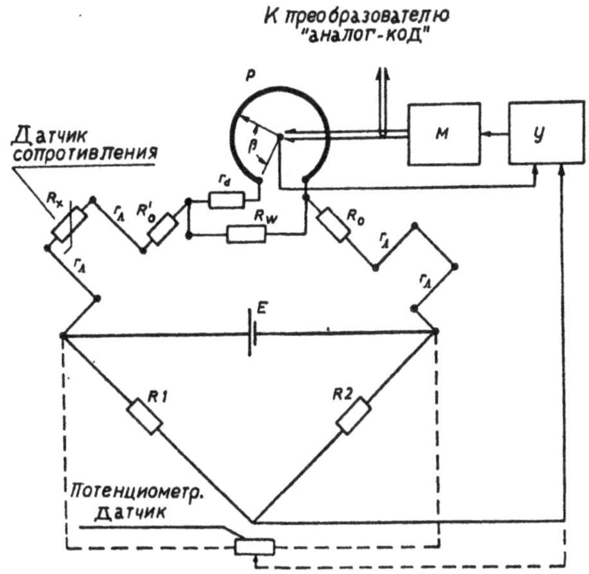

Рис. 3. Схема измерительного моста

Для уравновешивания моста сигнал с измерительной диагонали подаётся на усилитель следящей системы, исполнительный двигатель которой вращает движок реохорда.

Подключение датчиков производится при помощи четырехпроводной линии, два провода используются в качестве компенсационных и включаются последовательно с сопротивлением R_0.

Подобная структура моста даёт ряд преимуществ.

Характеристика моста может быть представлена в виде:

$$\beta = a \pm K \cdot R_x;$$

где: R_x — измеряемая величина;

$a = F_1 (R_0; R'_0)$ – начальная установка моста;

$K = F_2 (R_ш)$ – крутизна или масштаб преобразования;

R'_0 — добавочное сопротивление индивидуальной настройки начала шкалы;

$R_ш$ — шунт индивидуальной настройки масштаба.

Изменение знака при коэффициенте K осуществляется переброской концов реохорда и используется для измерения в 2-х поддиапазонах – „положительном" и „отрицательном".

Если варьировать величинами R'_0 и $R_ш$, то можно осуществлять две независимые настройки моста, а также получать линейно-ломанные характеристики. В последнем случае управление элементами коммутации, которые переключают добавочные сопротивления и шунты, производитсяз за счёт обратной связи с выхода измерительно-преобразующего устройства.

Описанное свойство измерителя используется, в частности, для аппроксимации характеристики платинового термометра двумя линейными отрезками. Одновременно достигается взаимозаменяемость

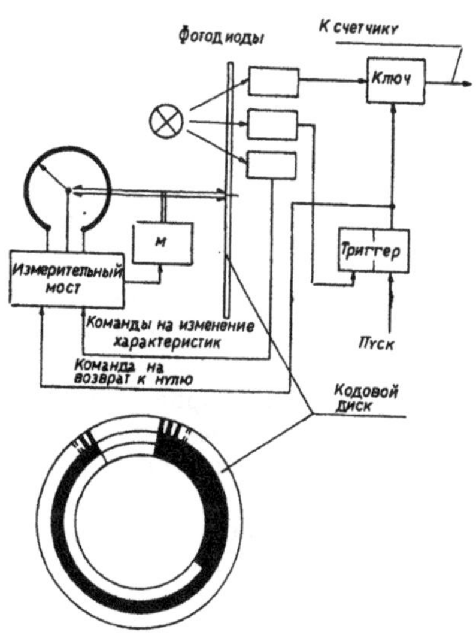

Рис. 4. Преобразодатель „аналог-код"

датчиков, т. к. каждый термометр комплектуется индивидуальными шунтом и добавочным сопротивлением.

Характеристика датчика влажности аппроксимирована четырьмя отрезками.

Кодирование производится преобразователем типа «Угол-код», который связан с движком реохорда. Преобразователь (см. рис. 4) выполнен в виде прозрачного диска с равномерно нанесенными рисками, а также дорожками для получения вспомогательных команд. Считывание производится фотоэлектрическим устройством, для этого производится обратная отработка следящей системы от измеренного значения к нулевому. Пакет импульсов, полученных фотоэлектрическим устройством, считается двоично-десятичным реверсивным счётчиком. Счётчик позволяет выполнять некоторые простейшие арифметические операции, код на выходе его соответствует:

$$N_2 = N_0 \pm m \cdot N_1,$$

где: m — масштабный коэффициент (целое число);
N_1 — число импульсов на входе;
N_0 — начальный ввод в счётчик.

Такая характеристика даёт дополнительные возможности масштабирования и условных приёмов кодирования, например, измерение узкого диапазона в крупном масштабе относительно условного начального уровня.

Устройство вывода представляет, в основном, традиционную схему преобразования двоично-десятичного кода в код МТК-2 и управление телетайпом. Специальным является устройство управления программой регистрации, которое по командам от переключателя датчиков осуществляет формирование телеграммы в соответствии с выбранным форматом сообщения. Формат может быть изменён, при необходимости, в процессе эксплуатации.

Регистрирующий телетайп используется для ручного ввода данных оператором. Передача информации возможна в прямой телеграфный канал связи или с промежуточным накоплением на перфоленте.

Устройство штормооповещения состоит из отдельного измерительно-преобразующего устройства, работающего непрерывно в режиме слежения за „штормовыми" гидрометеопараметрами, и блока штормовой логики. Для штормооповещения используются те же датчики, что и в основные сроки измерения.

Блок штормовой логики работает по выходному коду преобразователя «Аналог-код». Он расшифровывает код и выявляет пороговые значения параметров. В составе блока имеются счётчики «порогов», достигнутых каждым параметром , и логическое устройство, выдающее сигнал „Шторм" только при ухудшении ситуации, т. е. при достижении нового более опасного порогового уровня. При прекращении штормовой ситуации включается счётчик времени, который через 20 мин. после прекращения шторма даёт сигнал «Отбой шторма».

Программно-коммутирующее устройство задаёт основной цикл работы станции в режимах слежения и срочных измерений, а также подпрограммы измерений в режимах «Метео» и «Шторм».

Автоматическое включение станции в режим „Метео" в сроки наблюдения (через 1, 2 или 3 часа) обеспечивается серийными электромеханическими часами. При этом происходит подготовка датчиков к измерениям, измерение осредняемых величин и последовательный опрос всех измерительных каналов. Измеряемые величины фиксируются на контрольных лентах самописцев, на рулонной ленте и перфоленте телетайпа.

По сигналам «Шторм» и «Отбой шторма« станция включается в режим «Шторм», при этом измеряются, регистрируются и передаются только значения параметров, за которыми производится непрерывное слежение.

Программное устройство позволяет включить станцию вручную в любой из режимов, а также дистанционно в режим «Метео» или «Шторм» в зависимости от ситуации.

Результаты разработки построения экспериментальной сети

Изложенные выше принципы построения станции УАТГМС-4 реализованы в опытных образцах. Опытные образцы прошли всесторонние лабораторные испытания, а также проверку в условиях метеостанции, на научно-исследовательском судне «Профессор Визе». Один из образцов находится в антарктической обсерватории Мирный. Экспериментальные работы в различных условиях используются для дальнейшего улучшения конструкции станции с целью подготовки к серийному производству.

Основные технические характеристики, полученные при экспериментальной проверке, даны в приложении.

Как показали результаты испытаний, аппаратура обеспечивает необходимые характеристики.

В настоящее время станция УАТГМС-4 используется для построения первой автоматизированной сети на территории Белорусской ССР. Для оснащения экспериментальной сети изготовлено 50 образцов станций. Работы находятся на стадии пуско-наладочных операций на многочисленных метеорологических

станциях. В условиях массового эксперимента будет решено несколько задач, ниже приведён перечень, по-видимому, далеко не полный:
– уточнение эксплуатационных характеристик аппаратуры, в том числе, надёжности, удобства обслуживания;
– уточнение принципов построения автоматической сети, способов сбора информации и её обработки;
– отработка методики перехода от ручных наблюдений к автоматизированным;
– получение статистического сравнительного материала в период одновременного сбора данных ручным способом и автоматическими станциями;
– подготовка специалистов для дальнейшего развёртывания комплексной автоматизации;
– отработка методов обслуживания станций, в том числе периодических проверок и ремонтно- профилактических мероприятий;
– эффективная проверка аппаратуры с целью последующего массового производства.

Полученные результаты разработки и внедрения станций позволяют сделать вывод, что сделан еще один шаг на пути комплексной автоматизации гидрометеорологической службы.

Основные технические данные станции

1. Станция измеряет гидрометеорологические параметры в диапазоне и с точностями, указанными в таблице I.

В устройстве автоматики предусмотрено обнаружение пороговых значений «Штормовыми» параметрами согласно таблице:

Штормовой метеопараметр	Значения порога
1. Мгновенная скорость ветра.	15, 20, 25, 30, 35, 40, 45, 50, 55, 60 м/сек
2. Высота нижней границы облаков.	200, 150, 100, 50 м
3. Метеорологическая дальность видимости (горизонтальная).	2000, 1500, 500, 200, 100 м
4. Уровень воды в водоёме.	Значения оговариваются при заказе.
5. Количество гололёдо-изморозевых отложений.	300, 600, 1200 г/м

Режимы работы станции:
– режим слежения – режим непрерывного измерения и регистрации на диаграммной ленте самописца значений наиболее опасных гидрометеопараметров (штормовых);
– режим «Метео» – режим измерения и регистрации на диаграммной ленте самописцев, на рулонной бумаге и перфоленте телетайпа всех гидрометеопараметров через 1, 2, 3 часа или по вызову в любой момент;
– режим «Шторм» – режим измерения и регистрации на диаграммной ленте самописца, на рулонной бумаге и перфоленте телетайпа штормовых метеопараметров, по вызову в любой момент.

В станции по окончании регистрации метеоданных в режимах «Метео» и «Шторм» предусматривается возможность ручного ввода информации на рулонную бумагу и перфоленту телетайпа.

3. Числовой диапазон измерительного-кодирующего устройства – $\pm$ 600 ед.

4. Число знаков на каждый регистрируемый параметр – до пяти.

5. Регистрация и передача измеряемых параметров в общепринятых единицах.

6. Время измерения и регистрации одного параметра – 10 сек.

7. Время работы станции в режиме «Метео» не более 13 мин.

8. Время работы станции в режиме «Шторм» не более 2 мин.

9. Вызов станции может осуществляться: автоматически (по сигналам блока времени с заранее заданной периодичностью 1,2,3 часа); вручную (оператором); автоматически (при «Шторме»); по дистанционному вызову.

10. К измерительному устройству станции могут быть подключены датчики, имеющие следующие выходы:
– активное сопротивление;
– отношение сопротивлений;
– число-импульсный код;
– параллельный цифровой двоично-десятичный код;
– постоянное напряжение.

11. Максимальное удаление метеодатчиков от устройства автоматики и регистрации до 300 метров.

12. Напряжение питания 220 $+10\%$ -15% переменного тока с частотой 50 гц.

13. Потребляемая мощность не более 1,5 квт.

14. Устройство автоматики и регистрации устанавливается в помещении и рассчитано на работу в

Таблица 1

№№	Наименование датчика	Измеряемый гидрометеоэлемент	Диапазон измерений	Максимальная ошибка измерений
1.	Датчик атмосферного давления	Атмосферное давление (измерение в пределах перепада 120 мб)	680 – 1070 мб	± 0,30 мб
2.	Датчик влажности воздуха	Температура точки росы	—43 °C : —35 °C при t° воздуха —30 °C —+50 °C	± 0,60 °C
3.	Датчик ветра	Ср. (за 10 мин.) скорость (V ср) Макс. скорость (V max) между сроками выдачи информации Ср. направление (за 10 мин.) (α ср.) начиная со скорости 1,5 м/сек	1 —40 Ом/сек 3—60 м/сек 0—360°	± (0,5 +0,05 V ср) м/сек ± (1 +0,07 V_{max}) м/сек ± 10°
4.	Датчик сроч. температуры воздуха	Температура воздуха (перепад 100 °C)	В пределах температур — 60 —+50 °C перепад 100 °C	± 0,25 °C
5.	Д-к экстремальных температур	Макс. и мин. т-ра воздуха (между сроками выдачи информации)	— 60 °C —+50 °C	± 0,6 °C
6.	Д-к жидких атмосферных осадков	Кол-во осадков (Qi) за переод между сроками	0–25 мм при интенсивности не более 3 мм/мин.	± (0,35 + 0,05 Qi) мм
7.	Д-к нижней границы облаков (ИВО)	Высота нижней границы облаков (H)	50 —1000 м 50 — 150 м 150 — 500 м 500 — 1500 м	± (16 + 0,10 H) м ± (18 + 0,07 H) м ± (20 + 0,05 H) м
8.	Д-к метеорол. дальности видимости (РДВ)		250 : 6000 м 400 — 1500 м 250 — 3000 м 3000 — 5000 м 5000 — 6000 м	± (30 + 0,07 S м) м ± (30 + 0,10 S м) м ± (30 + 0,15 S м) м ± (30 + 0,20 S м) м
9.	Д-к уровня воды в водоемах	Уровень воды в водоеме	0 — 1200 см 0 — 600 см 0 — 300 см	± 7 см ± 3,5 см ± 1,7 см
10.	Д-к гололедных отложений	Величина гололедных отложений P на стержне длиной 0,26 м, ⌀ 5 мм	10 — 300 г	± (3 ± 0,03 P) г
11.	Д-к температуры воды в водоеме	Температура в водоеме	— 2 °C —+ 40 °C	± 0,25 °C
12.	Д-к температуры почвы	Температура почвы на девяти глубинах	— 40 °C —+ 60°C	± 0,03 °C
13.	Д-к солнечного сияния	Солнечное сияние (наличие в момент передачи информации)	Наличие в момент измерения Порог чувствительности (0,27 ± 0,05) кал/см² мин	

следующих условиях:
— температура окружающей среды +5 °C — +40 °C;
— относительная влажность — 80% при температуре +30 °C.

15. Габариты основного блока — стойки приборной: 1200 × 600 × 1800 мм; вес 250 кг.
16. Размеры стандартной метеорологической площадки для размещения датчиков 26 × 26 м.
17. Станция в соответствующей упаковке может перевозиться любым видом транспорта.
18. Техническое обслуживание осуществляется одним человеком.

Код СИНОП-АВТО для передачи информации от автоматических метеорологических станций

Резюме

Излагается код сообщений, формируемых на автоматических метеостанциях. В сообщение включены данные, получаемые с помощью автоматических датчиков.

В дополнение к описываемому сообщению вручную можно добавить любую информацию.

Формы кода

Форма I. Штормовое сообщение, подлежащее передаче в центр и остающееся на станции в виде пробивок на перфоленте и отпечатанным на рулонной ленте

$(((K\ IIiii\ D_aD_aD_att$ $ff\ dd\ VVhhh$

Форма II. Синоптическое сообщение, подлежащее передаче в центр и фиксируемое на перфоленте и рулонной ленте телетайпа

$(((K\ IIiii\ D_aD_aD_att$ $VVhhh\ f_mf_mRRR\ SPPPP\ TTTd_{cp}d_{cp}\ f_{cp}f_{cp}T_dT_dT_d)))$

Форма III. Сообщение климатологическое, остающееся на станции в виде пробивок на перфоленте и отпечатанным на рулонной ленте

$(((KIIiii\ D_aD_aD_att\ ffdd\ VVhhh\ f_mf_mRRR\ SPPPP\ \text{-}K_1K_1K_1\ K_2K_2K_2$
$TTT\ (-)T_1T_1T_1 \ldots (-)\ T_9T_9T_9\ d_{cp}d_{cp}f_{cp}f_{cp}\ T_dT_dT_d)))$

Пояснения к формам кода

1. Знаком ⊏⊐ отмечены те группы, которые присутствуют в сообщениях по специальному указанию.
2. После окончания групп, стоящих в конце каждой строки форм II и III, на перфоленте пробиваются знаки < (возврат каретки) и ≡ (перевод строки).
3. Перед началом каждого макета на перфоленте пробиваются знаки ↑↑ (перевод на цифровой регистр 2 2 раза), < (возврат каретки) и ≡ (перевод строки).
4. В случае, когда какой-либо параметр отсутствует, на его месте передаются знаки/.
5. Условные обозначения:

(((и))) — соответственно признаки начала и окончания сообщения, К — категория сообщения (0, 1, 2 и т. д.)
$IIiii$ — индекс станции
$D_aD_aD_a$ — дата (номер дня в году)
tt — время наблюдения (в часах)
ff — текущее значение скорости ветра (м/сек.)
dd — текущее значение направления ветра (десятки градусов)
VV — метеорологическая видимость (в сотнях метров)
hhh — высота нижней границы облаков (в десятках метров)
f_mf_m — максимальная скорость ветра между сроками (м/сек.)
RRR — количество жидких осадков, выпавших между сроками (в миллиметрах, с десятыми долями)
S — наличие солнечного сияния в момент наблюдения (I-есть, 0-нет)

PPPP — давление на уровне станции (без приведения к уровню моря), в миллибарах, с десятыми (Тысячи отбрасываются)

TTT — температура воздуха в момент наблюдения (в градусах, с десятыми долями, с добавлением 500 при $t^0 < 0°$)

$d_{cp}d_{cp}$ — направление ветра, осредненное за 10 минут (в десятках градусов)

$f_{cp}f_{cp}$ — скорость ветра, осредненная за 10 минут (в м/сек)

$T_dT_dT_d$ — температура точки росы (в градусах, с десятыми долями, аналогично TTT)

$K_1K_1K_1$ и $K_2K_2K_2$ — контрольные параметры, свидетельствующие о правильности работы аппаратуры

(—) T_1T_1T . . . (—) $T_9T_9T_9$ — температура почвы на 9 уровнях (в градусах с десятыми долями, со знаком „минус“ при отрицательных значениях)

Anschrift: I. P. Kuzminych, Hauptverwaltung des Hydrometeorologischen Dienstes der UdSSR, Moskau D 376, Pavlik-Morosov-Str. 12

551.508.824

Die Automatische Fernmeldende Meteorologische Station (AFMS) des Meteorologischen Dienstes der DDR

Von St. Klemm

Mit 8 Abbildungen

Zusammenfassung: Es werden die Entwicklung, Arbeitsweise und technische Besonderheiten der Automatischen Fernmeldenden Meteorologischen Station (AFMS) kurz beschrieben.

In 3 Zyklen werden 6 Kennungen und 15 meteorologische Größen automatisch erfaßt und stündlich digital im Fernschreibcode verschlüsselt ausgedruckt bzw. auf Lochstreifen gespeichert. Durch eine zusätzliche externe Automatische Speicher- und Abfrageeinrichtung kann die AFMS über Telex mit einem festgelegten Code zwischen den Terminen beliebig oft von jedem Telexanschluß aus abgerufen werden.

Für einige meteorologische Größen übernimmt die Anlage die Funktion einer Meßwertverarbeitung, wie Mittel-, Summen- bzw. Extremwertbildung.

Zusätzlich zu den automatisch gewonnenen meteorologischen Daten können Augenbeobachtungen von Hand eingegeben und automatisch abgefragt werden.

Alle verwendeten meteorologischen Meßwertgeber werden beschrieben mit Angabe des Meßbereiches und der Meßgenauigkeit.

Zum Schluß werden die ersten Ergebnisse der bisherigen technischen Erprobung mitgeteilt. Die Zuverlässigkeit der Anlage übertrifft danach die gegebenen Forderungen von einem Monat Wartungsfreiheit. Nach einer stichprobenartigen Auswertung der bisher abgefragten Daten ergibt sich, daß 98% der Daten über die Telexleitungen fehlerfrei ankommen.

Summary: Development, working principle and technological special features of the automatic remote-transmitting meteorological station (AFMS) are described briefly.

In 3 cycles 6 indicators and 15 meteorological parameters are obtained automatically and transmitted in digital form by teletype code and printed, or stored on punch-tapes. By the operation of an additional external automatic storage and interrogation system, the AFMS can by means of an agreed code be interrogated at any time from any telex station.

For a number of meteorological parameters the AFMS does some data processing, e. g. averaging, summations and extreme-value computations.

In addition to the automatically obtained data, visual observations can be read in manually and interrogated automatically. All of the meteorological sensors are described along with details given on measuring ranges and accuracies.

Preliminary results of the hitherto made experiments are submitted, showing the reliability of the ARTMS to be higher than the one-month free-of-maintenance requirement. Random assessments of the hitherto interrogated data shows 98% of the data arriving error-free via telex circuits at the meteorological centre.

Резюме: Кратко описываются разработка, принцип действия и техническские особенности автоматической метеорологической тенлесигнализующей станции (AFMS).

В 3–х циклах автоматически учитываются и ежечасно по телетайпному коду закодированно и цифровом виде печатаются или запоминаются на перфолентах в обозначений и 15 метеорологических величин. С помощью дополнительного внешнего автоматического запоминающего устройства для запроса информаций с любой частотой по заданному коду мажду сроками наблюдений (AFMS) может вызываться с каждого телетайпного абонента для отбора информаций.

По некоторым метеорологическим параметрам аппаратура выполняет функцию переработки измеряемой величины, как образование средних, суммарных или экстремальных величин.

В дополнение к автоматически полученным метеорологическим данным имеется возможность ручного ввода и автоматического опроса данных визуальных наблюдений.

Все использованные метеорологические измерительные датчики омисываются с указанием диапазона и точности измерений.

В заключении сообщаются первые результаты проведенного до сих пор технического испытания. Достоверность аппаратуры по этим результатам превышает предъявляемые требования, согласно которым необходимо один месяц свободы от ухода. Согласно пробам на выдержку по работе опрошенных до сих пор данных получается то, что 98% данных поступают без ошибок через телетайпные проводы.

Nachdem die Entwicklung einer automatischen Temperaturfernmeßanlage (ATF) mit 12 Spannungs- oder Widerstandseingängen von den Akademie-Werkstätten für Forschungsbedarf Berlin erfolgreich abgeschlossen war, wurde im Auftrage des Meteorologischen Dienstes der DDR dort mit der Entwicklung einer meteorologischen Meßwerterfassungsanlage (MME-1) nach bestimmten technischen Bedingungen begonnen. Diese Entwicklungsarbeiten und eine erste technische Erprobung der MME-1 wurde im ersten Halbjahr 1969 abgeschlossen [1].

Die Meßwerterfassungsanlage (Abb. 1) ist nach den Grundsätzen der Digitaltechnik auf steckbaren Leiterkarten mit gedruckter Schaltung weitgehend kontaktfrei aufgebaut. Sie ist in einem Gestell mit den Ausmaßen 2 m Höhe, 0,8 m Breite und 0,6 m Tiefe untergebracht, in dem 6 Einschübe und 12 Schwenkchassis enthalten sind. Durch die Schwenkchassis ist jede Baugruppe während des Betriebes der Anlage zugänglich. Dies ist für den Service besonders günstig (Abb. 2). Von großem Vorteil ist auch die Möglichkeit, daß die Ausgangswerte der Anlage, d. h. jeder Analog- bzw. Digitalwert einschließlich der Kennung, Datum, Uhrzeit, sowohl während des Meßvorganges als auch zwischen den Terminmeldungen mit Hilfe eines Glimmlampen-Ziffernanzeigesystems abgefragt werden können.

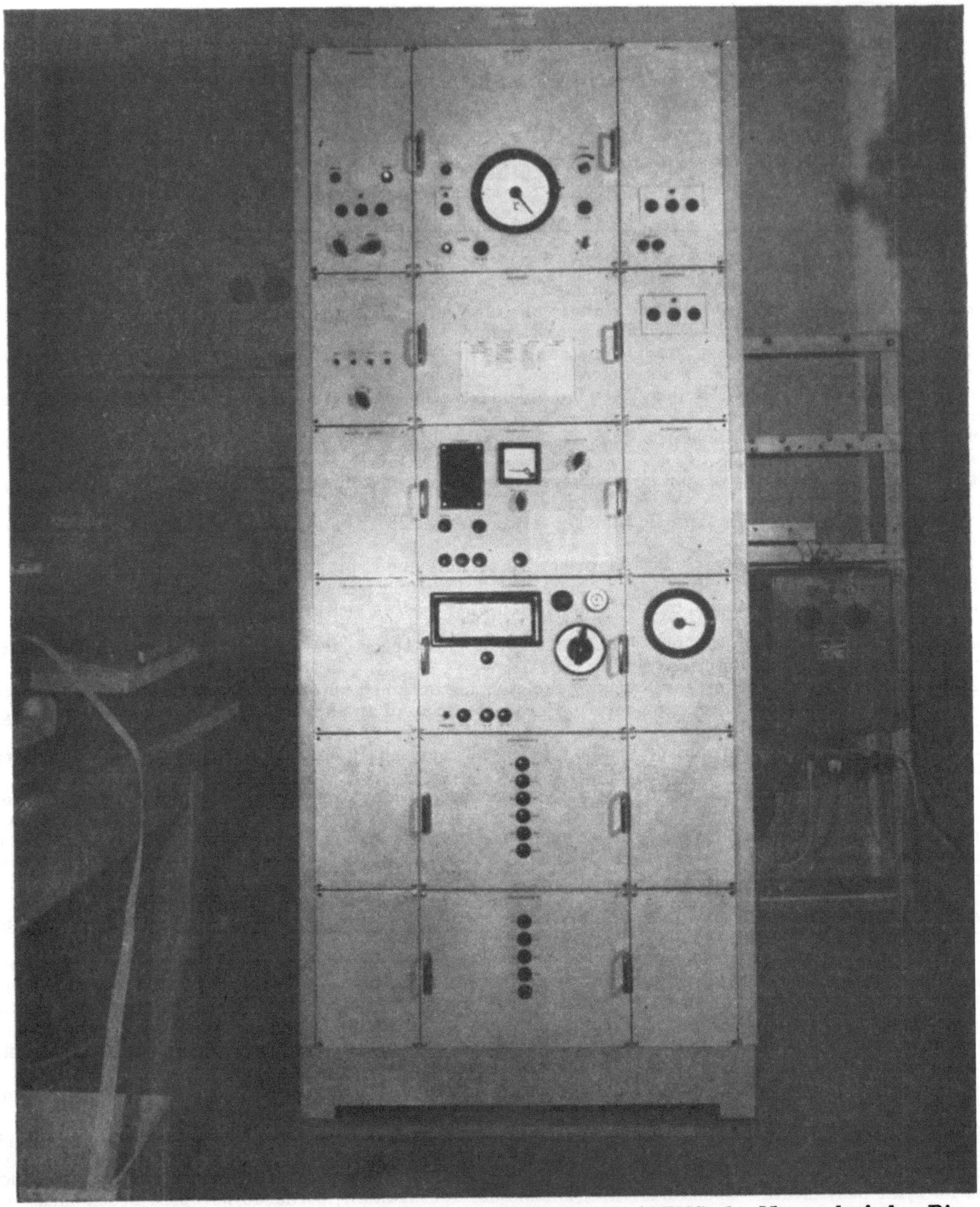

Abb. 1. Die Automatische Fernmeldende Meteorologische Station (AFMS) des Meteorologischen Dienstes der DDR (Zentraleinheit ohne Geber)

Der Analog-Digital-Wandler ist auf dem Prinzip einer Kompensationsmeßeinrichtung mit einer Codierscheibe aufgebaut. Neben der reinen Meßwerterfassung wird von der Anlage für bestimmte meteorologische Parameter eine Mittelwertbildung (z. B. für die Windrichtung), Summenbildung (z. B. für die Globalstrahlung, Regenmenge, Blitzzahl) bzw. Extremwertbildung (z. B. maximale Windgeschwindigkeit) vorgenommen.

Auf weitere technische Einzelheiten soll in diesem Vortrag nicht eingegangen werden.

Zusammen mit den meteorologischen Meßwertgebern, die vom Instrumentenamt des Meteorologischen Dienstes der DDR entwickelt bzw. bereitgestellt wurden, entstand aus der MME-1 eine Automatische Klimastation (AKS).

Die AKS hatte die Aufgabe, zu jeder vollen Stunde die geforderten meteorologischen Größen selbsttätig abzufragen, diese Terminmeldung über einen angeschlossenen Fernschreiber in digitaler Form im Fernschreibcode verschlüsselt auszudrucken und somit auf einem Lochstreifen zur weiteren Verarbeitung für klimatologische Zwecke zu speichern.

Um die automatisch gewonnenen meteorologischen Daten nicht nur für die non-real-time-, sondern auch für die real-time-Verarbeitung zukünftig zu nutzen, wurde die AKS durch eine im Instrumentenamt des

Meteorologischen Dienstes der DDR entwickelte zusätzliche Automatische Datenspeicher- und Abfrageeinrichtung (DSAA) zur Automatischen Fernmeldenden Meteorologischen Station (AFMS) erweitert (Abb. 3). Diese Baugruppe, über die in einem gesonderten Vortrag berichtet wird, gestattet es, die AFMS zwischen zwei Terminmeldungen beliebig oft – mit Ausnahme des Zeitraumes h — 10′ bis h + 1′ – über Telex mit einem festgelegten Code abzufragen.

Von der AFMS werden gegenwärtig folgende Parameter erfaßt:

- t_{5-100} – die Bodentemperaturen in 5, 10, 20, 50 und 100 cm Tiefe,
- $t - t'$ – die psychrometrische Differenz (für Temperaturen > 0°C),
- τ – die Taupunkttemperatur,
- p – der Luftdruck,
- $\bar{v}$ – der Windweg in den letzten 10 Minuten vor dem Termin, (dividiert durch 6 ergibt die mittlere Windgeschwindigkeit in m/s),
- $\bar{d}$ – die mittlere Windrichtung in den letzten 10 Minuten vor dem Termin,
- v_{max} – die maximale Windgeschwindigkeit während der letzten Stunde,
- R – die Regenmenge während der letzten Stunde,
- r – die Regendauer in Minuten während der letzten Stunde,
- t – die Lufttemperatur,
- B – die Blitzzahl während der letzten Stunde und
- G – die Stundensumme der Globalstrahlung.

Abb. 2. Innenansicht von zwei ausgeklappten Schwenkchassis der AFMS

Abb. 3. Die Automatische Datenspeicher- und Abfrageeinrichtung (DSAA) der AFMS

Neben der Terminmeldung zu jeder vollen Stunde setzt die Anlage eine Gefahrenmeldung bei Überschreiten eines Grenzwertes (z. B. der Windgeschwindigkeit) ab und gibt eine AVIO-Meldung, wenn der betreffende Grenzwert für eine vorgegebene Zeitspanne nicht mehr überschritten wird.

Die automatisch abgegebene Terminmeldung hat folgende allgemeine Form:

KKK	SSS	MM.	dd.	hh.	mm		
$\bar{v}\bar{v}\bar{v}$	vvv_{max}	$\overline{ddd}$	RRR	rrr	BBB	GGG	
ttt	ttt_{05}	ttt_{10}	ttt_{20}	ttt_{50}	ppp	$\tau\tau\tau$	$t - t'$
. . .	. . .	. . .	. . .	. . .	. . .	. . .	. .

oder als Beispiel vom 24. 2. 1970, 8.00 Uhr in verschlüsselter Form:

111	321	02.	24.	08.	00		
010	004	091	000	000	000	043	
362	392	396	397	402	393	334	000
. . .	. . .	. . .	. . .	. . .	. . .	. . .	. . .

Erklärung:

Symbol	Ziffern-gruppe	Größe	Quantisierungs-einheit	
K	111	Kennung der Meldung	–	
S	321	Kennung der Station	–	
M	02.	Monat	–	
d	24.	Monatstag	–	1. Zyklus
h	08.	Stunde	–	
m	00	Minute	–	

Symbol	Ziffern-gruppe	Größe	Quantisierungs-einheit	
$\bar{v}$	010	Windweg	100 m	
v_{max}	004	maximale Windgeschwindigkeit	1 m/s	
$\bar{d}$	091	mittlere Windrichtung	1 Grad	
R	000	Regenmenge	0,1 mm	2. Zyklus
r	000	Regendauer	1 Minute	
B	000	Blitzzahl	1 bzw. 2 Blitze	
G	043	Globalstrahlung	0,1 cal/cm^2	
t	362	Lufttemperatur	0,1 grd	
t_{05}	392	Bodentemperatur in 5 cm Tiefe	0,1 grd	
t_{10}	396	Bodentemperatur in 10 cm Tiefe	0,1 grd	
t_{20}	397	Bodentemperatur in 20 cm Tiefe	0,1 grd	3. Zyklus
t_{50}	402	Bodentemperatur in 50 cm Tiefe	0,1 grd	
p	393	Luftdruck	0,1 mbar	
τ	334	Taupunkttemperatur	0,1 grd	
t'	000	Psychrometrische Differenz	0,05 grd	
	...			
	...			4. Zyklus
	...			

Die Ausgabe erfolgt in drei Zyklen (Zeilen). Die Dauer der Ausgabe der vollständigen Meldung über Telex-Schreiber beträgt 28 Sekunden. Zusammen mit der Anwahl der Station mit Namengeber und Code dauert die automatisch abgegebene Terminmeldung insgesamt 53 Sekunden.

Über die automatisch gewonnenen meteorologischen Informationen hinaus ist eine „Handeingabe" von Augenbeobachtungen in die AFMS möglich. Die im Zeitraum h — 10′ mit einem Fernschreiber auf Lochstreifen gestanzten Augenbeobachtungen werden mit einem Lochstreifensender nach der Speicherung der von der AFMS kommenden automatischen Terminmeldung ebenfalls auf den Speicherträger gegeben. Bei Abruf der Terminmeldung erscheinen der automatisch gewonnene Teil und der von Hand eingegebene Teil hintereinander. Die Datenausgabezeit verlängert sich dadurch um 15 Sekunden.

Der vorläufige Schlüssel für die von Hand eingegebenen Augenbeobachtungen hat folgende Form:

$NVVwwW \quad N_hC_Lh_sh_sC_MC_H \quad C'C'C'C'C'E$
$A_eA_eA_eA_e \quad A_eA_eA_eK$

Erklärung:

N	Gesamtbedeckung
VV	horizontale Sichtweite
ww	Wetterzustand
W	Wetterverlauf
N_h	Teilbedeckung (Wolken des unteren Stockwerkes bis 2500 m)
C_L	Art der tiefen Wolken
h_s h_s	Wolkenhöhe (Untergrenze)
C_M	Art der mittelhohen Wolken
C_H	Art der hohen Wolken
C′	Wolkengattung für Klima
E	Erdbodenzustand
A_e	Art der atmosphärischen Erscheinung
K	Kennung für Lochkartenzwecke

Wie schon eingangs erwähnt, wurden die meteorologischen Geber für die Gesamtanlage von seiten des Meteorologischen Dienstes der DDR entwickelt bzw. dafür bereitgestellt.

Die Wahl der Meßwertgeber erfolgte im wesentlichen unter Berücksichtigung folgender Forderungen:

- hohe Meßgenauigkeit und gute Eichstabilität,
- hohe Betriebssicherheit und wartungsfreie Funktion über einen Zeitraum von mindestens 4 Wochen,
- einfache Wartungs-, Prüf- und Justiermöglichkeit,
- technisch einfacher Aufbau und
- geringe Herstellungskosten.

Für die Erfassung der *Lufttemperatur* wurde ein elektrisches Psychrometer gewählt (Abb. 4). Der Meßfühler ist ein Pt-Widerstandsthermometer (100 Ohm), der in einem Metallzylinder (Strahlungsschutz) parallel zum Luftstrom angeordnet ist. Die Ventilation erfolgt jeweils im Zeitraum h — 10′. Ein weiterer Strahlungsschutz ist nicht erforderlich, da dieser Geber in einer Thermometerhütte angebracht ist.

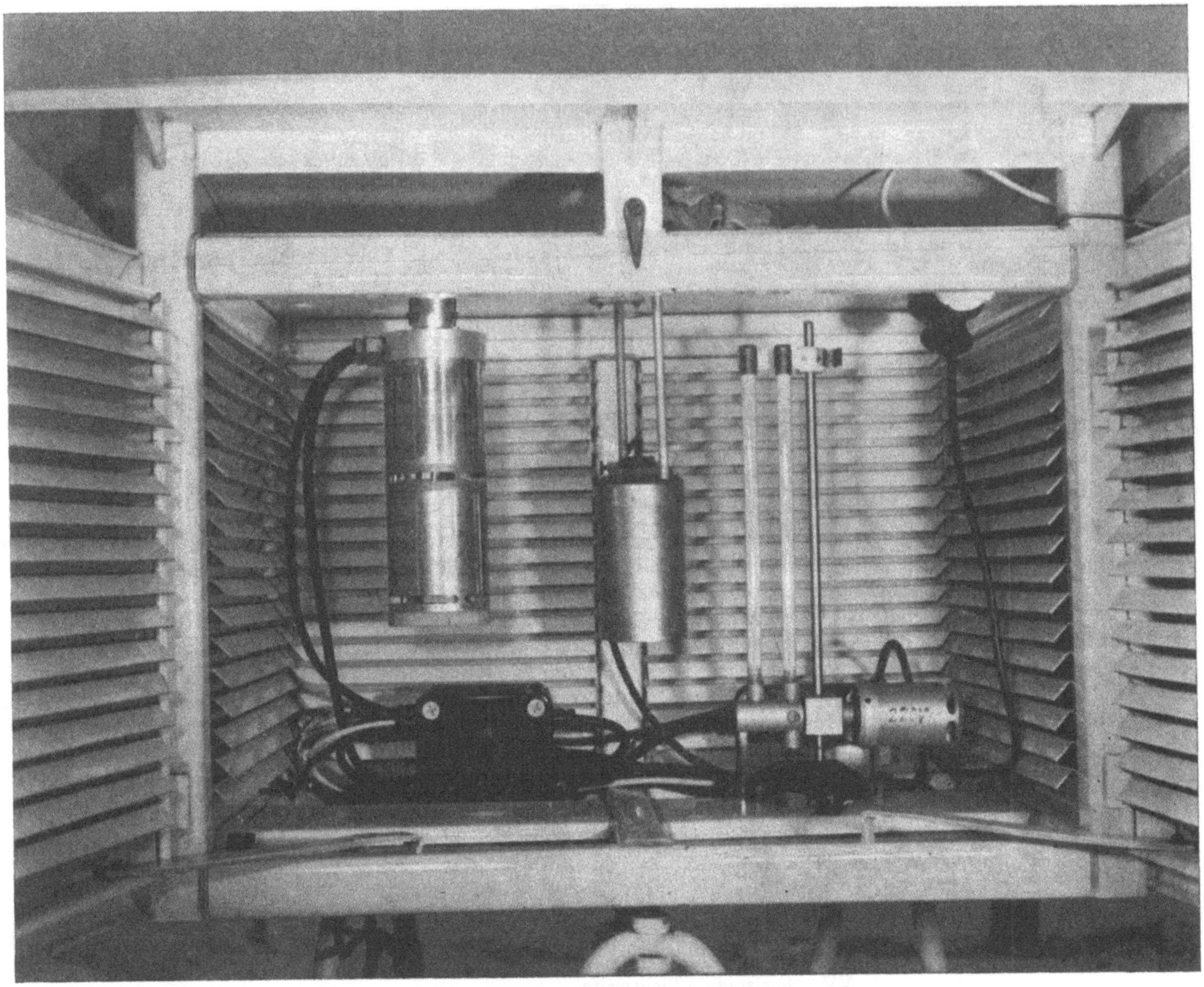

Abb. 4. Geber für die Lufttemperatur- und Luftfeuchtemessung.
Ein elektrisches Psychrometer (links), ein LiCl-Taupunkthygrometer nach FEUTRON (Mitte) und ein doppelt belüftetes Hüttenpsychrometer für die konventionellen Messungen im meteorologischen Stationsnetz der DDR (rechts).
Diese Geber sind für Vergleichsmessungen in einer Thermometerhütte aus PVC-Plaste (im MD der DDR entwickelt) installiert

Meßbereich	−40 °C ... +60 °C,
Meßgenauigkeit	±0,2 grd.
Bei der Datenausgabe bedeuten	000 ≙ −40,0 °C,
	999 ≙ +59,9 °C.

Auf die Erfassung der Maximum- und Minimumtemperatur wurde wegen stündlicher Terminmeldungen verzichtet. Nach Untersuchungen wird der dabei auftretende Fehler nicht erheblich.

Für die Messung der *Luftfeuchte* werden zwei verschiedene Methoden (psychrometrische Differenz und Taupunkt) angewandt (Abb. 4). Im zylindrischen Gehäuse des Lufttemperaturgebers ist noch ein weiteres „Trockenthermometer" und ein „Feuchtthermometer" für die Erfassung der psychrometrischen Differenz bei Temperaturen ≧ 0 °C untergebracht. Im unteren Teil dieses Gebers ist ein Wassergefäß angeordnet, das für die ständige Befeuchtung eines Befeuchtungsstrumpfes für das Feuchtthermometer sorgt.

Meßbereich	0 ... 20 grd,
Meßgenauigkeit	± 0,2 grd.
Bei der Datenausgabe bedeuten	000 ≙ 0,0 °C,
	399 ≙ 19,5 °C.

Die Luftfeuchte wird außerdem mit Hilfe eines LiCl-Taupunkthygrometers erfaßt. Bei Lufttemperaturen < 0 °C wird die Luftfeuchte nur mit dieser Methode gemessen. Die Meßgenauigkeit ist im Bereich von −15 °C bis +40 °C < 1,0 grd. Über weitere Einzelheiten und die Arbeitsweise des Gebers wird in einem gesonderten Vortrag berichtet.

Für die Ermittlung der *Erdbodentemperaturen* werden als Meßwertgeber ebenfalls Pt-Widerstandsthermometer (100 Ohm) verwendet. Diese Widerstandsthermometer sind in einen Stahlmantel in Gummi einvulkanisiert und mit dem Anschlußkabel fest verbunden. Die Thermometer werden einzeln in horizontaler Lage im Erdboden verlegt. Nach unseren Erfahrungen sind mit dieser Methode die zuverlässigsten Messungen der Erdbodentemperaturen möglich. Meßbereich und Meßgenauigkeit sind die gleichen wie bei der Lufttemperatur.

Für die Erfassung der *Wind-Meßgrößen* dient der Geber des elektrischen Junkalor-Windmeßgerätes mit Schalenstern und Windfahne (Abb. 5). Nach dem Kontaktanemometer-Prinzip wird für die *mittlere Windgeschwindigkeit* der Windweg (100 m) im Zeitraum h — 10′ bis h bestimmt.

Meßbereich	1,0 ... 40 m/s,
Meßgenauigkeit	$\pm(0{,}5 + 0{,}05 \cdot v)$ m/s.
Bei der Datenausgabe bedeutet	1 Impuls ≙ 100 m Windweg.

Die *maximale Windgeschwindigkeit* seit der letzten Terminmeldung wird mit Hilfe der Generatorspannung bzw. der Generatorfrequenz des Schalensterns erfaßt.

Meßbereich	1,0 ... 60 m/s,
Meßgenauigkeit	$\pm 5\,\%$.
Bei der Datenausgabe bedeutet	1 Impuls ≙ 1 m/s.

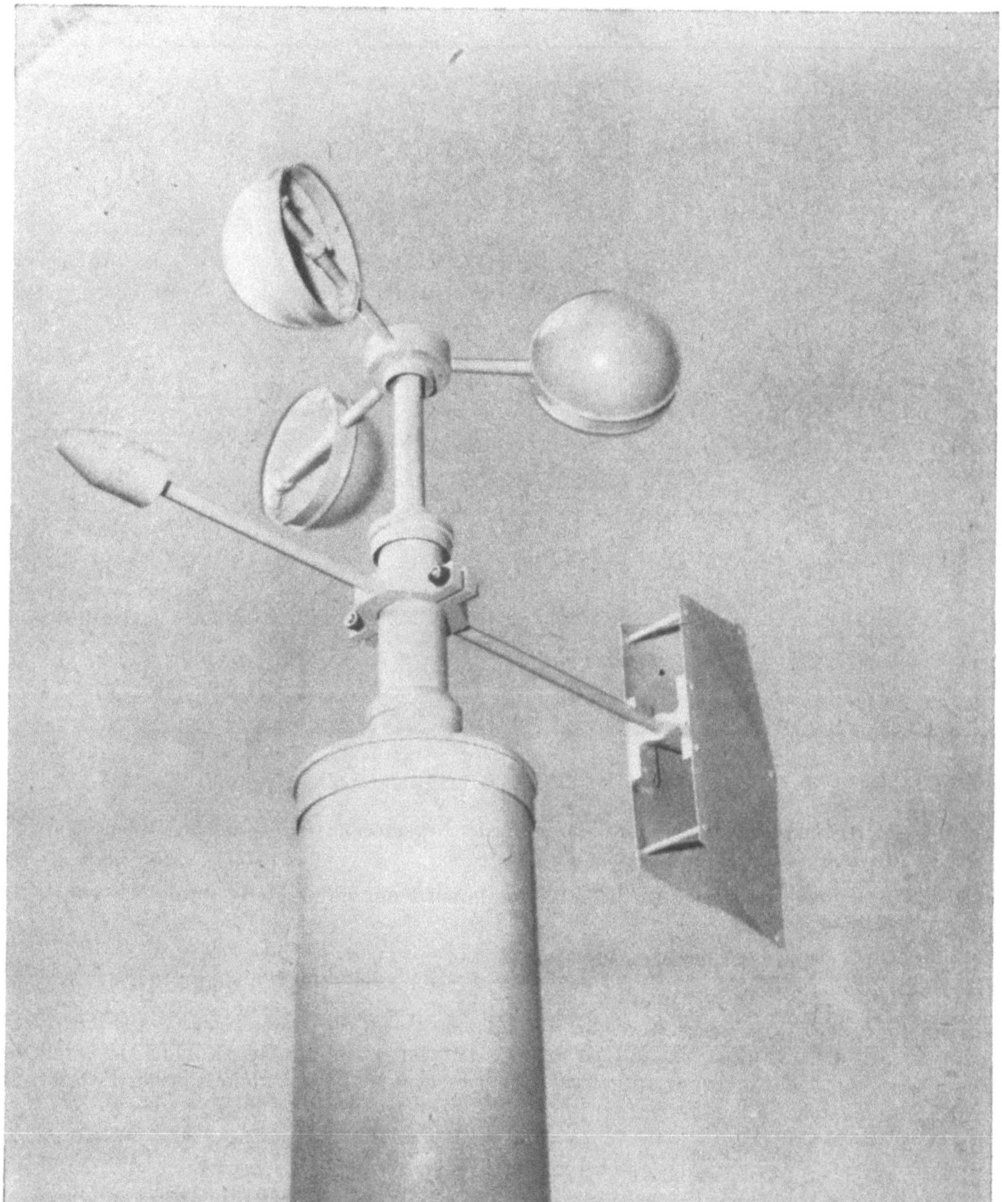

Abb. 5. Elektrischer Geber für die Ermittlung der maximalen Windgeschwindigkeit in der letzten Stunde, der mittleren Windgeschwindigkeit und der mittleren Windrichtung in den letzten 10 Minuten vor dem Termin

Abb. 6. Elektrischer Geber für die Messung der Regenmenge (RI 01) und der Regendauer (RD 4)

Die *mittlere Windrichtung* im Zeitraum h — 10′ bis h wird mit einer Meßgenauigkeit von ±5 ° im Meßbereich von 0 . . . 360 ° bestimmt.

Bei der Datenausgabe bedeuten	000 ≙ 0 °,
	360 ≙ 360 °.

Für die Erfassung der *Regenmenge* und der *Regendauer* wurde ein neuartiger Geber RI 01/RD 4 im Instrumentenamt des MD der DDR entwickelt (Abb. 6). Der Geber für die Regenmenge ist nach dem Prinzip eines Volumenmessers mit Kontaktgeber aufgebaut. Eine Kontaktgabe mit gleichzeitiger Entleerung des Meßvolumens erfolgt jeweils nach 0,1 mm Regen.

Meßbereich	0,0 . . . 99,9 mm/h,
Meßgenauigkeit	2% bis 4 mm/min.
Bei der Datenausgabe bedeuten	000 ≙ 0,0 mm/h,
	999 ≙ 99,9 mm/h.

Über weitere Einzelheiten der Entwicklung und Arbeitsweise dieses Gebers wird in einem gesonderten Vortrag berichtet.

Die *Regendauer* des meßbaren Regens wird mit einem gegabelten Kontaktgeber in Verbindung mit einem Minutenimpuls erfaßt. Wird im Auffangtrichter des Regengebers mindestens 4 Minuten lang kein Regentropfen gebildet, so wird „kein Regen" gemeldet.

Meßbereich	0 . . . 60 min,
Bei der Datenausgabe bedeuten	000 ≙ 0 Minuten,
	060 ≙ 60 Minuten.

Beide Geber sind in einem üblichen Regenschreibergehäuse mit 200 cm^2 Auffangfläche untergebracht.

Die *Blitzzahl* wird mit Hilfe eines Gebers gemessen, der aus einer Antenne und einem Blitzzählgerät M 175 nach Müller-Hillebrand besteht (Abb. 7). Die Antenne hat 6 im Abstand von 15 cm parallel laufende Drähte von 14 m Länge und ist in 5 m Höhe zwischen zwei isolierten Masten verspannt, die einen Abstand von 20 m haben. Mit dem Blitzzählgerät werden Entladungen gezählt, die in der Antenne eine Spannung von 25 Volt induzieren. Mit der Meßwerterfassungsanlage werden Stundensummen der Blitzzahl erfaßt.

Meßbereich	0 . . . 1800 Entladungen/h.
Bei der Datenausgabe bedeutet	1 Impuls ≙ wahlweise 1 oder 2 Entladungen.

Abb. 7. Anlage für die Erfassung der Blitzzahl (Stundensumme)

Abb. 8. Elektrischer Geber für die Ermittlung der Globalstrahlung (Stundensumme)

Für die Ermittlung der Stundensummen der *Globalstrahlung* wird als Geber ein thermoelektrisches Pyranometer mit Dauer-Kalottenbelüftung (Abb. 8) verwendet.

Empfindlichkeit	$\geqq$ 5 mV/cal cm^{-2} min^{-1}
Meßbereich	0 . . . 99,9 cal cm^{-2} h^{-1}.
Bei der Datenausgabe bedeuten	000 $\triangleq$ 0,0 cal cm^{-2} h^{-1},
	999 $\triangleq$ 99,9 cal cm^{-2} h^{-1}.

Bei der *Luftdruckmessung* ist noch nicht entschieden, welcher Geber serienmäßig Verwendung finden wird. Zwei Varianten wurden dazu bisher entwickelt. Gegenwärtig wird eine Variante erprobt. Dieser Geber ist ein Aneroidbarometer, dessen Zeigerstellung zum Termin mit einer Lichtschranke abgetastet und dabei durch ein Potentiometer mit Schleifkontakt der entsprechende Widerstandswert ausgegeben wird. Nach den bisherigen Ergebnissen erreichen wir damit über einen Meßbereich von 100 mbar eine Meßgenauigkeit von $\pm$0,3 mbar.

Seit 9 Monaten läuft nunmehr die AFMS im MD der DDR zur meteorologischen und technischen Erprobung im Dauereinsatz ohne Unterbrechung. Über einige Ergebnisse der bisherigen meteorologischen Erprobung, dem Vergleich zwischen konventionell und automatisch mit der AFMS gewonnenen meteorologischen Daten, wird in gesonderten Vorträgen berichtet.

Zum Abschluß seien hier nur noch einige Worte über die Ergebnisse der bisherigen technischen Erprobung gestattet. Nach den technischen Bedingungen soll die Anlage einschließlich der Geber einen Monat wartungsfrei arbeiten. Die bisherige technische Erprobung zeigte eine Zuverlässigkeit, die diese Forderung weit übertrifft. In dem 9monatigen Erprobungszeitraum wurde bewußt auf eine monatliche Wartung verzichtet. Es wurden in dem Zeitraum nur drei Wartungsdurchsichten durchgeführt, wobei zusätzlich 5 Störungen durch mechanische bzw. elektromechanische Fehler auftraten, die jeweils leicht und schnell behoben werden konnten.

Beim Vergleich der auf Lochstreifen (Stationsfernschreiber) und der automatisch gespeicherten Terminmeldungen (zusätzliche automatische Speichereinrichtung) ergab sich, daß ausgedruckte fehlerhafte Terminmeldungen zum weitaus überwiegenden Teil auf Mängel am Stationsfernschreiber zurückzuführen waren.

Nach einer ersten stichprobenartigen Auswertung über einen Zeitraum von zwei Monaten, die also noch keine repräsentative Aussage zuläßt, kann festgestellt werden, daß etwa 90 % der automatisch gespeicherten Terminmeldungen über die Abfrageanlage völlig fehlerfrei über die Telexleitungen übermittelt werden. In 8 % der Meldungen tritt ein Fehler auf, der unbedeutend ist (ein Zeichen statt Ziffer oder Zeichen statt Zwischenraum, Zeile um eine Stelle verschoben u. ä.) und die Verwertbarkeit der Meldungen in einer EDV-Anlage nicht beeinträchtigt. In 2 % der Terminmeldungen ist jeweils eine ganze Zeile verstümmelt und damit für die weitere Verarbeitung unbrauchbar. Die Ursachen für die Übermittelungsfehler sind noch nicht endgültig ergründet.

Abschließend kann zusammenfassend gesagt werden, daß die bisherigen Erprobungsergebnisse und Erfahrungen mit der AFMS für die Weiterführung dieser Arbeiten und den schließlichen Einsatz der Anlagen im meteorologischen Netz sehr ermutigend sind. Wir können daher der Erprobung der ersten beiden serienmäßig hergestellten Anlagen, die noch in diesem Jahr beginnen wird, zuversichtlich entgegensehen.

Literatur

[1] *Baumgart, H.*, und *W. Höhne*, Meßwerterfassungsanlage für Klimastationen, Z. f. Met., Bd. 21, Heft 1/2, 1969.

Anschrift: Dipl.-Met. St. Klemm, Meteorologischer Dienst der DDR, Instrumentenamt, 15 Potsdam, Michendorfer Chaussee 23

551.508.824

Beziehungen zwischen Zuverlässigkeit, Betriebssicherheit und Systemkonzeption bei Automatischen Meteorologischen Stationen

Von **W. Höhne**

Mit 1 Abbildung

Zusammenfassung: Nach Erläuterung der unterschiedlichen Bedeutungen der Begriffe „Zuverlässigkeit" und „Betriebssicherheit" werden die Abhängigkeiten zwischen beiden Fachausdrücken und der Systemkonzeption untersucht. Als Maß für die Beurteilung der Zuverlässigkeit automatischer Stationen in bewohnten Gebieten erweist sich die Fehlerrate als günstiger.

Die Beziehungen zwischen Schaltungstechnik und mechanischem Aufbau auf der einen Seite und der Zuverlässigkeit bzw. Betriebssicherheit auf der anderen werden am Beispiel der Meteorologischen Meßwerterfassungsanlage MME diskutiert. Fehlerrate und Verfügbarkeit dieser Anlage werden mit theoretisch-statistischen Methoden abgeschätzt.

Summary After the explanation of the different meanings of the notions "reliability" and "safety of operation" the interdependences between both technical terms and the system conception are investigated. As a messure for the reliability of automatic meteorological stations in inhabited areas the failure rate proves to be more favourable.

The relations between circuit arrangement and construction on the one hand and reliability resp. safety of operation on the other hand are discusses using the example of the meteorological data collecting system MME. The failure rate and the availability of this plant are estimated by theoretical statistical methods.

Резюме: После объяснения различий в понятиях надежность и эксплуатационная надежность автор исследует зависимости между этими факторами и концепцией системы. Коэффициент отказов оказался удобной мерой для оценки надежности автоматических станций в населенных районах.

Далше на примере установки для сбора метеорологических данных измерений MME рассматривается взаимосвязь между электроникой схемы и механикой конструкции с одной стороны и надежностью, а также эксплуатационной надежностью с другой стороны. Коэффициент отказов и коэффициент использования этой установки оцениваются с помощью теоретически-статистических методов.

Häufig wird bei automatischen meteorologischen Stationen noch die Frage der Meßgenauigkeit in den Vordergrund gestellt. Mindestens von ebenso großer Bedeutung sind jedoch die Zuverlässigkeit und die Betriebssicherheit. Beide Begriffe sind inhaltlich nicht gleichbedeutend; oft wird jedoch zwischen Zuverlässigkeit und Betriebssicherheit nicht scharf unterschieden.

Die *Zuverlässigkeit* R (t) bezeichnet die Wahrscheinlichkeit für eine einwandfreie Funktion eines Systems während eines Bezugszeitraumes t. In dieser Form hat auch *Hill* [4] die Zuverlässigkeit für die amerikanischen automatischen Wetterstationen der Typenreihe AMOS mitgeteilt, wobei die Wahrscheinlichkeit auf einen Zeitraum von einem Monat bezogen wurde. Eine Zuverlässigkeitsangabe ohne Nennung des Bezugszeitraumes ist sinnlos. Die Zuverlässigkeit wird bei vorhandenen Reparaturmöglichkeiten aber zweckmäßiger durch die *Fehlerrate* λ_F des Systems charakterisiert. Sie gibt die Anzahl der Fehler innerhalb eines bestimmten Bezugszeitraumes t an und ist der *mittleren fehlerfreien Funktionsdauer* (MTBF) T umgekehrt proportional. Bei automatischen meteorologischen Stationen für bewohnte Gebiete erscheint die Angabe von λ_F oder T günstiger als die der Zuverlässigkeit

$$\text{(1)} \qquad R(t) = e^{-\lambda_F t},$$

weil die Kenngrößen λ_F und T für die Planung des Reparaturaufwandes aussagekräftiger sind und die Umrechnung von Zuverlässigkeitsangaben, die sich auf unterschiedliche Referenzzeiträume beziehen, umständlich ist.

Die *Betriebssicherheit* läßt sich durch die Verfügbarkeit U kennzeichnen, die das Verhältnis der tatsächlichen Nutzungsdauer t_U zum gesamten Bezugszeitraum t angibt. Der von *Manuilov* [7] verwendete Begriff „effectiveness" darf wohl ebenfalls als Maß für die Betriebssicherheit aufgefaßt werden. Er kann durch die Definition der Verfügbarkeit präziser gefaßt werden. t_U ergibt sich als Differenz zwischen dem Gesamtzeitraum t und der Ausfallzeit

$$\text{(2)} \qquad t_A = t\,(\lambda_F t_F + \lambda_W t_W)$$

zu

$$\text{(3)} \qquad t_U = t\,(1 - \lambda_F t_F - \lambda_W t_W).$$

Dabei bezeichnen

λ_F die Fehlerrate des Systems,
t_F die mittlere Zeitdauer vom Auftreten eines Fehlers bis zu seiner Behebung (Ausfallzeit durch Fehler),
λ_W die Anzahl der Wartungen innerhalb des Bezugszeitraumes (Wartungsrate),
t_W die mittlere Zeitdauer, die für eine Wartung erforderlich ist (Wartungsdauer).

Während λ_F und λ_W hauptsächlich durch die Konzeption der Anlage bestimmt werden, sind für t_F und t_W auch andere Faktoren von Bedeutung. Alle genannten Größen sind jedoch für die Betriebssicherheit maßgebend. Eine größere Störanfälligkeit, die zahlenmäßig durch einen höheren Wert von λ_F zum Ausdruck kommt, kann in ihrem Einfluß auf die Betriebssicherheit kompensiert werden, wenn sich der Fehler sofort nach Erkennung beseitigen läßt. Das trifft z. B. meist bei industriellen Meßwerterfassungsanlagen mit Prozeßrechnern zu, für die qualifiziertes Bedienungspersonal jederzeit am Ort bereitsteht. Bei automatischen meteorologischen Stationen sind so günstige Verhältnisse im allgemeinen nicht gegeben.

Nicht immer wird durch einen Fehler die gesamte Anlage außer Betrieb gesetzt. Oft ist nur eine der zu erfassenden oder zu verarbeitenden Größen gestört. Bei der Angabe der Betriebssicherheit kann dieser Umstand dadurch berücksichtigt werden, daß in einem solchen Falle der Ausdruck $(\lambda_F \cdot t_F)$ mit einem Faktor m multipliziert wird, der dem Gewicht des betreffenden Meßwertes innerhalb der Meldung entspricht. Für die Verfügbarkeit U als Maß der Betriebssicherheit gilt demzufolge

$$U = 100 \cdot (1 - m \cdot \lambda_F \cdot t_F - \lambda_W \cdot t_W) \; [\%]. \tag{4}$$

Die Fehlerrate λ_F des Systems läßt sich aufteilen in folgende Teilbeträge:

– Fehlerrate der Meßwerterfassungsanlage –

Fehler in diesem Teil der Station werden durch Ausfall von Bauelementen, Verschleißerscheinungen bei mechanisch bewegten Teilen, Überschreitung der zulässigen Einsatzbedingungen und durch sonstige Störungen (wie Kontaktunsicherheiten, kalte Lötstellen usw.) hervorgerufen. Die Fehlerrate der Meßwerterfassungsanlage steigt mit der Anzahl der Bauelemente, die in ihr enthalten sind, sofern nichtredundante Systeme benutzt werden. Den Störungen kommt eine ungleiche Bedeutung zu je nachdem, ob sie in der Zentraleinheit oder in einer der Einzelmeßeinrichtungen auftreten.

– Fehlerrate der Geber und ihrer Zuleitungen –

Ein Ausfall von Gebern wird vorwiegend durch Witterungseinflüsse, Verschmutzung und Verschleißerscheinungen verursacht. Deshalb sollten die in Verbindung mit automatischen Stationen eingesetzten Meßfühler mechanisch robust sein und keine bewegten Teile besitzen, die einem stärkeren Verschleiß unterliegen. Es sind Funktionsprinzipien zu bevorzugen, die durch Witterungseinflüsse und Verschmutzung nicht oder nur wenig beeinträchtigt werden.

Fehler in Meßfühlern können sich als Totalausfall oder durch eine Beeinträchtigung der Meßgenauigkeit bemerkbar machen. Die der letztgenannten Art sind insofern kritischer, als sie oft erst nach längerer Zeit erkannt werden.

– Fehlerrate der Stromversorgung –

Störungen in der Stromversorgung sind von der Art der Energiequelle abhängig. Bei Netzanschluß kommen als wesentlichste Ursachen in Betracht:

Ausfall der Netzspannung (besonders bei Freileitungsnetzen),
zeitweilige kurze Unterbrechungen,
starke Abweichungen von der Nennspannung (z. B. in überlasteten Netzen),
Störimpulse im Netz (meist durch Schaltvorgänge bei induktiver oder kapazitiver Last oder durch Gewitter verursacht).

Bei Batteriestromversorgung können Störungen durch
Kurzschlüsse,
Plattenschluß in den Akkumulatoren,
Ausfall der Ladeanlage
verursacht werden.

Die Ausfallzeit durch Fehler t_F läßt sich untergliedern in die beiden Zeitabschnitte
Zeitdauer t_{FE} vom Auftreten eines Fehlers bis zu seiner Erkennung,
Zeitdauer t_{FR} vom Erkennen eines Fehlers bis zu seiner Beseitigung.
Die erstere ist von der Art des Fehlers abhängig. Ein Totalausfall der automatischen Station wird im allgemeinen zum nächsten Termin erkannt werden. Meßfehler, die nur eine Meßgröße geringfügig beeinflussen, werden u. U. erst nach längerer Zeit entdeckt.

Die Zeitdauer t_{FR} wird bei automatischen meteorologischen Stationen wesentlich höher liegen, als bei industriellen Meßwertverarbeitungsanlagen, da die Stationen eines Netzes innerhalb eines mehr oder weniger großen Gebietes verteilt liegen und sich an den Stationen im allgemeinen kein Reparaturpersonal befindet. Es wird aus ökonomischen Gründen nicht möglich sein, die Stationen mit dafür geeigneten Fachkräften auszustatten, denn der Vorteil automatischer Stationen für bewohnte Gebiete wäre in Frage gestellt, wenn durch sie nicht eine Personaleinsparung erzielt würde. In dieser Zeitspanne ist daher auch die Fahrtzeit zur Station enthalten. Der Frage einer zweckmäßigen Organisation des Reparatur- und Wartungsdienstes kommt damit erhöhte Bedeutung zu.

Die durch Wartungsarbeiten ausfallende Zeit t_W hängt entscheidend vom Wirkungsprinzip der Anlage ab. Mechanisch arbeitende Funktionseinheiten erfordern einen wesentlich größeren Aufwand als elektronische. Es ist anzustreben, die Zeitdauer für eine Wartung soweit zu verringern, daß die Arbeiten im Zeitraum zwischen zwei Terminmeldungen abgeschlossen werden können. Der wartungsfreie Zeitraum sollte mindestens einige Wochen betragen; und zwar nicht nur bei der Meßwerterfassungsanlage, sondern auch bei den Gebern.

Die Probleme der Zuverlässigkeit und der Betriebssicherheit müssen rechtzeitig berücksichtigt werden, wenn der spätere Einsatz erfolgreich sein soll. Das zwingt zu gewissen Konsequenzen hinsichtlich der Schaltung und des mechanischen Aufbaus im Stadium der Konzipierung des Systems, d. h. vor Beginn der eigentlichen Entwicklung. Im folgenden sollen die Wechselwirkungen zwischen der Systemkonzeption auf der einen Seite und der Zuverlässigkeit und Betriebssicherheit auf der anderen am Beispiel der Meteorologischen Meßwerterfassungsanlage MME dargestellt werden. Über den Aufbau und die Funktion dieser Anlage, die im Auftrage des Meteorologischen Dienstes der DDR in den Akademie-Werkstätten für Forschungsbedarf der DAW ententwickelt wurde, ist bereits an anderer Stelle [2] kurz berichtet worden.

Aufbauend auf Erfahrungen bei der Entwicklung und der Langzeiterprobung der automatischen Temperaturmeßanlage ATF 64 [1,3] wurde bei der Meßwerterfassungsanlage für automatische meteorologische Stationen das Schaltungsgrundprinzip – Digitalschaltung in Transistor-Dioden-Technik – beibehalten. Gegenüber analog arbeitenden Anlagen ergibt sich zwar ein erhöhter Aufwand; infolge der wesentlich besseren Funktionssicherheit und Störunanfälligkeit von Digitalschaltungen geht das jedoch nicht auf Kosten der Zuverlässigkeit.

Elektronische Halbleiterschaltungen sind keinem Verschleiß unterworfen. Darin besteht ihr wesentlichster Vorteil gegenüber elektromechanisch arbeitenden Systemen. In der Meßwerterfassungsanlage MME wurden elektromechanisch arbeitende Funktionsgruppen weitgehend vermieden. Sie sind nur im Kompensationsteil und in der Fernübertragungseinrichtung für die Windrichtung enthalten. Relais wurden nur dort eingesetzt, wo entweder hohe Spannungen zu schalten sind oder der Übergangswiderstand bei geschlossenem Kontakt sehr klein gehalten werden muß.

Gegenüber logischen Schaltungen mit Ferritkernen bietet die Transistor-Dioden-Technik nicht nur den Vorteil der einfacheren Herstellung, sondern auch den der geringeren Temperaturempfindlichkeit selbst bei Schaltungen, die wie die in der hier betrachteten Anlage fast ausschließlich mit Germaniumbauelementen bestückt sind. Dieser Vorteil wird bei einem späteren Übergang zu Silizium-Bauelementen noch deutlicher zutage treten.

Obwohl die Zuverlässigkeit eines Systems zwangsläufig mit steigender Bauelementezahl sinken muß, wurde bei der Konzipierung der Schaltung bewußt darauf verzichtet, mit der geringstmöglichen Anzahl von Bauelementen auszukommen. Erfahrungsgemäß steigt die Störanfälligkeit einer Digitalschaltung beträchtlich, wenn mehrere passive Grundschaltungen hintereinandergeschaltet werden. Der Auffrischung des Signalpegels durch Zwischenschaltung aktiver Glieder wurde besondere Beachtung geschenkt.

Von einer modernen automatischen Wetterstation erwartet man nicht nur die Erfassung der Augenblickswerte meteorologischer Größen, sondern auch eine Reihe von Vorgängen der Meßwertverarbeitung, wie die Bildung von Summen, Mittelwerten, Extremwerten und Signalen bei Schwellenwertüberschreitung. Für die Meßwertverarbeitung gibt es zwei prinzipiell verschiedene Varianten: Entweder werden die Rechenschaltungen für jede zu verarbeitende Größe getrennt ausgeführt, oder die Anlage wird mit einem zentralen internen Rechner ausgerüstet. Die letztgenannte Variante bietet zwar den Vorteil, daß die Funktionsgruppe des Rechners für alle zu verarbeitenden Meßgrößen und darüber hinaus auch für die Steuerung des Programms der Anlage gemeinsam ausgenutzt werden kann, was bei einer höheren Zahl zu verarbeitender Signale eine Einsparung von Bauelementen ermöglicht. Sie bringt jedoch den Nachteil mit sich, daß ein Fehler im Rechner im allgemeinen nicht nur den Ausfall einer Größe, sondern einen Totalausfall der gesamten Anlage herbeiführt. Bei der Meteorologischen Meßwerterfassungsanlage MME sind für die zu verarbeitenden Meßgrößen getrennte Schaltungen vorhanden. Der dafür erforderliche technische Aufwand hält sich bei der gewählten Konzeption, die grundsätzlich von Mehrpunktsignalen in Form von Impulsfolgen ausgeht [5], in vertretbaren Grenzen. Nach den bisherigen Erprobungserfahrungen arbeiten diese Verarbeitungsschaltungen sehr betriebssicher.

Für die Störsicherheit einer Digitalschaltung ist die zweckmäßige Festlegung der Signalpegel von besonderer Bedeutung. Mit der Vergrößerung der „verbotenen Zone“ zwischen den Signalwerten 0 und L nimmt die Störanfälligkeit wesentlich ab. Alterungen von Bauelementen, Temperatureinflüsse und statische Störspannungen können erst unter extremen Bedingungen den Signalwert verfälschen. Störimpulse infolge kapazitiver oder induktiver Einstreuungen müssen darüber hinaus durch besondere Schaltungsmaßnahmen unwirksam gemacht werden. Dynamischen Störspannungen aus dem Netz wird durch einen vorgeschalteten Tiefpaß der Zugang zur Meßwerterfassungsanlage verwehrt.

Die Störsicherheit der logischen Schaltungen hängt nicht zuletzt auch von der Konstanz der Betriebsspannungen ab. Aus diesem Grunde wurden alle Betriebsspannungen für die Transistorschaltungen elektronisch stabilisiert.

Die Zuverlässigkeit eines Systems läßt sich durch Vermeidung von Bauelementen mit kurzer Lebensdauer oder hoher Ausfallrate günstiger beeinflussen als durch Reduzierung der Gesamtzahl der Bauelemente. Kritisch sind Relais, Röhren mit Heizfaden, Glühlampen und Elektrolyt-Kondensatoren. In der Meteorologischen Meßwerterfassungsanlage MME sind nur drei Röhren mit Heizfaden (im Verstärker der Kompensationsmeßeinrichtung) enthalten. Wo Relais aus den oben bereits genannten Gründen eingesetzt werden mußten, wurde – soweit technisch möglich – auf Schutzgasrelais zurückgegriffen. Von den in der Anlage enthaltenen Glühlampen ist nur noch eine für die Betriebssicherheit von Belang, alle übrigen führen beim Durchbrennen zu keiner Betriebsstörung, da sie lediglich als Signallampen für Kontrollzwecke eingesetzt sind. Elektrolyt-Kondensatoren wurden weitgehend vermieden und durch Lackkondensatoren ersetzt.

Für eine exakte Abschätzung der Systemzuverlässigkeit reicht die bisherige Erprobungszeit noch nicht aus. Die recht zufriedenstellenden Ergebnisse, die bei der theoretisch-statistischen Abschätzung der Zuverlässigkeit der automatischen Temperaturfernmeßanlage erzielt wurden [1], ermutigten uns, auch hier eine theoretische Abschätzung der Systemzuverlässigkeit auf Grund der Bauelementezahlen und der aus Literaturangaben [6] entnommenen Fehlerraten für einzelne Bauelementearten zu wagen. Die Anzahl der in der Anlage enthaltenen Bauelemente sind zusammen mit den Fehlerraten in Tabelle 1 zusammengestellt. Bei der Auswahl der Zahlenwerte für die Fehlerraten wurde dem Umstand Rechnung getragen, daß die Bauelemente durchweg nicht bis an die Grenze ihrer Leistungsfähigkeit ausgenutzt werden, sondern stets eine ausreichende Belastungsreserve vorgesehen wurde. Die in Tabelle 1 eingesetzten Fehlerraten für die einzelnen Bauelementearten stimmen bis auf wenige Ausnahmen mit denen überein, die bei der Abschätzung der Systemzuverlässigkeit der automatischen Temperaturfernmeßanlage ATF 64 benutzt wurden. Nur der Zahlenwert für Relais wurde – entsprechend der höheren Zuverlässigkeit der hier fast ausschließlich benutzten Bauelemente – etwas verringert.

Tabelle 1. *Abschätzung der Fehlerrate der Meteorologischen Meßwerterfassungsanlage MME*

Benennung des Bauelementes	Bauelementezahl insgesamt	Bauelementezahl wirksam	Fehlerrate λ [10^{-6} h^{-1}]	n . λ [10^{-6} h^{-1}]
Kondensator	1020	1020	0,03	30,60
Elektrolyt-Kondensator	100	100	2	200
Gleichrichter, Diode, Zener- u. Photodiode	2537	2450	0,1	245,0
Widerstand	4827	4798	0,05	239,9
Relais	109	26	1	26
Transformator, Übertrager, Drossel	31	31	0,1	3,1
Transistor	1319	1319	0,5	659,5
Motor, Drehmelder	6	6	1	6
Glühlampe, Glimmlampe	6	2	10	20
Elektronenröhre mit Heizfaden	3	3	10	30
Kaltkatodenröhre, Ziffernanzeigenröhre	13	3	5	15
Σ	9971	9758	–	1475,1

$$\lambda_F = \sum n \cdot \lambda = 1475/10^6\,h$$

$$T = \frac{1}{\lambda_F} = \frac{10^6\,h}{1475} = 678\,h \approx 28\,d.$$

Bei der Bestimmung der Systemzuverlässigkeit bleiben alle Bauelemente unberücksichtigt, die in Funktionsgruppen eingesetzt sind, welche die Betriebssicherheit der Anlage nicht unmittelbar beeinflussen. Hierzu gehören die Prüfschaltungen und die Anzeigeeinheiten. Die nach Abzug der darin enthaltenen Schaltungselemente verbleibenden Bauelemente werden in der dritten Spalte der Tabelle 1 zusammengestellt. Insgesamt ergibt die Rechnung für nahezu 10000 in der Anlage enthaltene Bauelemente eine Fehlerrate des Systems von

$$\lambda_F = \sum n \cdot \lambda = 1475 \text{ Ausfällen}/10^6\,\text{h},$$

was einer mittleren störungsfreien Funktionsdauer von T = 28 Tagen entspricht. Die Tabelle zeigt, daß für die Fehlerrate des Systems die Bauelemente mit geringerer Zuverlässigkeit von untergeordneter Bedeutung sind. Dies kommt in den relativ kleinen Werten der Produkte n · λ zum Ausdruck. Sieht man von den Elektrolyt-Kondensatoren ab, dann läßt sich durch eine weitere Verminderung dieser Bauelemente die Zuverlässigkeit der Anlage nicht mehr wesentlich steigern.

Es muß jedoch darauf hingewiesen werden, daß bei dieser Abschätzung nur Fehler durch Bauelementeausfälle, nicht aber sonstige Störungen wie Kontaktunsicherheiten in Steckverbindungen, kalte Lötstellen und Verschleißerscheinungen an mechanisch bewegten Teilen erfaßt werden. Wackelkontakte bilden erfahrungsgemäß oft die Ursache für Fehler, die nur sporadisch auftreten und ohne Eingriff von außen wieder verschwinden. Durch eine konsequente Verminderung der Löt- und Steckverbindungen lassen sich solche Fehlerquellen merklich reduzieren. Möglichkeiten zu einer entscheidenden Verbesserung in dieser Richtung bietet die Mikroelektronik, die zwar nicht die Zahl der Funktionselemente, wohl aber die der Verbindungen verringert. Integrierte Schaltungen standen jedoch zur Zeit der Entwicklung der Meßwerterfassungsanlage MME noch nicht zur Verfügung.

Die bisherigen Erprobungsergebnisse lassen den Schluß zu, daß die theoretische Abschätzung der Systemzuverlässigkeit einen Wert ergibt, der zumindest in der Größenordnung richtig ist.

Die Meßwerterfassungsanlage MME wurde für einen Einsatz an meteorologischen Stationen in bewohnten Gebieten konzipiert. Deshalb war es zweckmäßig, als Energiequelle das Netz vorzusehen, das heute in der DDR eine hohe Zuverlässigkeit aufweist. Trotzdem muß vor allem in ländlichen Gebieten mit gelegentlichen Ausfällen der Energieversorgung gerechnet werden. Aus diesem Grunde wurde für die Anlage eine Hilfsstromversorgung mit Akkumulatoren vorgesehen. Sie wird bei Netzausfall sofort wirksam und hält dann die wesentlichsten Funktionen der Zeitsteuerung und der Meßwertverarbeitung aufrecht. Die Station ist jedoch während dieser Zeiten nicht meldebereit.

Eine günstige Schaltungskonzeption kann zwar die Zahl der Ausfälle bei einer elektronischen Schaltung entscheidend reduzieren, aber nie völlig beseitigen. Die Betriebssicherheit läßt sich daher nur durch eine Verringerung der Ausfallzeit weiter steigern. Auch die späteren Servicebedingungen müssen bereits bei der Erarbeitung der Grundlagen in Betracht gezogen werden. Schon im Entwurfsstadium der Meßwerterfassungsanlage MME wurden die Serviceforderungen sowohl bei der Wahl der Schaltungsart, als auch beim mechanischen Aufbau weitestgehend berücksichtigt.

Nach den Erfahrungen, die mit der automatischen Temperaturfernmeßanlage ATF **64** gemacht wurden, war ein nicht unerheblicher Teil von Ausfällen auf Störungen in der Stromversorgung zurückzuführen. Die neu entwickelte Anlage wurde mit einer Spannungskontrollvorrichtung versehen, mit der sämtliche in der Anlage vorkommenden Betriebsspannungen überprüft werden können. Diese Prüfung ist so einfach, daß sie auch von angelerntem Personal durchgeführt werden kann. Ein damit festgestellter Fehler läßt sich ggf. durch Auswechseln einer Sicherung oder des betroffenen Netzteils ausschalten.

Die Anlage besitzt darüber hinaus Anzeigeeinheiten für die analogen Signale und deren Meßbereich, die als Impulsfolgen oder digital erfaßten Signale, den Meßzyklus und die Meßstelle. Damit ist die Möglichkeit gegeben, die Wirkungsweise schnell und bequem zu überwachen.

Abb. 1. Meteorologische Meßwerterfassungsanlage MME 1 mit abgenommenen Seitenwänden und ausgeschwenktem Chassis

Sämtliche von der Anlage erfaßten Größen lassen sich von Hand abfragen und die Zahlenwerte für beliebig lange Zeitintervalle anzeigen. Damit kann man jede einzelne Meßeinrichtung getrennt überprüfen. Außerdem besteht die Möglichkeit, außerhalb des normalen Meldezyklus zu jeder Zeit von Hand eine Meldung auszulösen und somit die Arbeitsweise der Zentraleinheit zu kontrollieren.

Wie Abb. 1 zeigt, ist die gesamte Anlage in einem fahrbaren Gestell untergebracht, daß 6 Einschübe und 12 Schwenkchassis enthält. Diese Bauweise verbindet in sich die Vorteile des kompakten Aufbaus mit denen der guten Zugänglichkeit. In den Einschüben sind die Baugruppen mit größerer Masse untergebracht, während die Digitalschaltungen fast ausschließlich in den Schwenkchassis enthalten sind. Wie in der automatischen Temperaturfernmeßanlage wurden auch hier alle Digitalschaltungen auf genormten steckbaren Kartenbausteinen untergebracht. Die Schwenkchassis lassen sich nach Abnehmen der Seitenwände – was mit einem Handgriff möglich ist – und Lösen von zwei Schrauben einzeln seitlich ausschwenken. Dadurch werden alle Schaltungen auch während des Betriebs unmittelbar zugänglich. Die Ein- und Ausgangssignale jeder Funktionsgruppe können ohne weitere Eingriffe direkt an den Prüfpunkten jedes Chassis gemessen werden; alle übrigen Ein- und Ausgangssignale der zahlreichen Grundschaltungen sind erreichbar, wenn die betreffende Steckkarte herausgezogen und über eine Adapterleitung bzw. eine Adapterkarte mit dem Chassis verbunden wird.

Die ausgewählte Variante des mechanischen Aufbaus bietet die Möglichkeit, einfache Fehler direkt an der Station zu beheben, kompliziertere dagegen durch Austausch einzelner Baugruppen wie Steckkarten, Schwenkchassis oder Einschübe, zu beseitigen. Die eigentliche Reparatur kann in schwierigen Fällen ohne Zeitdruck im Labor von geschulten Fachkräften vorgenommen werden. Damit sind alle Voraussetzungen für eine optimale Verkürzung der Ausfallzeit gegeben.

Da bei der Anlage weitgehend auf elektromechanische Baugruppen verzichtet wurde, ist relativ zu ihrem Umfang nur wenig Wartung erforderlich. Diese Arbeiten beschränken sich auf das Ölen von Lagerstellen bewegter Teile und auf das gelegentliche Reinigen der optischen Teile. Gemäß der Forderung des Auftraggebers wird eine wartungsfreie Periode von einem Monat erreicht.

Der Bedingung einer kurzen Wartungszeitdauer kommt der gewählte mechanische Aufbau der Anlage sehr entgegen, da fast alle Baugruppen auch während des Betriebs gut zugänglich sind. Die weitgehende Verwendung von Transistorschaltungen, die mit Kleinspannungen arbeiten, ermöglicht bestimmte Eingriffe auch bei eingeschalteter Anlage.

Zur Abschätzung der Betriebssicherheit sind Angaben für t_F und t_W erforderlich. Bei einer Wartung jeder Anlage im Monat (≈ 720 h), bei der die Anlage für eine Dauer von etwa $t_W = 2$ h außer Betrieb genommen wird, und bei einer Fehlerrate von annähernd 1,48 Ausfällen/10^3 h errechnet sich mit den angenommenen Werten $t_F = 12$ h und $m = 0{,}5$ die Verfügbarkeit nach Formel (4) zu

$$U = 100\left[\frac{0{,}5 \cdot 12h \cdot 1{,}48}{10^3h} - \frac{2h \cdot 1}{720h}\right] = 98{,}9\ \%.$$

Auch diese Zahl gilt nur für die Meßwerterfassungsanlage allein ohne Einschluß der Geber, der Stromversorgung und der Nachrichtenübertragungsmittel.

Diese Ausführungen sollten zeigen, wie die Fragen der Betriebssicherheit und Zuverlässigkeit bei der Konzipierung des Systems der Meteorologischen Meßwerterfassungsanlage MME berücksichtigt wurden. Die getroffenen Maßnahmen können aber nur dann voll zur Wirksamkeit kommen, wenn auch die Meßfühler unter dem Gesichtspunkt der Zuverlässigkeit und Betriebssicherheit entwickelt werden und eine geringe Ausfallrate aufweisen; denn letzten Endes kommt es auf die Betriebssicherheit der gesamten Station an.

Die automatische Station stellt nur ein Teilsystem innerhalb des Gesamtsystems des Netzes automatischer Stationen dar. Zu diesem Netz gehören außer den Stationen auch die Mittel zur Nachrichtenfernübertragung und die Zentralen. Auf die Dauer wird eine manuelle Abfrage der Stationen nicht befriedigen können, da sie weder die Informationsmöglichkeiten der automatischen Stationen voll auszuschöpfen gestattet, noch die optimale Betriebssicherheit bei der Nachrichtenübertragung garantiert. Die weitere Entwicklung wird sich auf automatisch arbeitende Netze mit zentralen automatischen Abfragestationen konzentrieren müssen.

Literatur

[1] *Baumgart, H.*, und *W. Höhne*, Weiterentwicklung einer automatischen Meßwerterfassungs- und übertragungsanlage für meteorologische Zwecke, Arch. Meteorolog., Geophys., Bioklimatol. B *15*, (1967), H. 4, 400–421.
[2] *Baumgart, H.*, und *W. Höhne*, Meßwerterfassungsanlage für Klimastationen, Z. Meteor. *21*, (1969), H. 1/2, 26–30.;
[3] *Gerth, G.* und *W. Höhne*, Eine automatische Meßwerterfassungs- und -übertragungsanlage für meteorologische Zwecke, Z. Meteor. *18*, (1965), H. 3/4, 132–141.
[4] *Hill, A. N.*, Automatic weather stations in the U. S. Weather Bureau – past, present and immediate future, in: Automatic Weather Stations. Proc. of the WMO Techn. Conf. on Automatic Weather Stations, Geneva, 1966; WMO Techn. Note No. 82, Geneva. 1967, S. 19–33.
[5] *Höhne, W.*, Meßwerterfassung und Meßwertverarbeitung in der angewandten Meteorologie, in: Beiträge zur Angewandten Meteorologie; Abhandlungen d. Meteorol. Dienstes der DDR (im Druck).
[6] *Hummitzsch, P.*, Zuverlässigkeit von Systemen. VEB Verlag Technik, Berlin. 1965.
[7] *Manuilov, K. N.*, Principles of the construction and experience in the operation of automatic weather stations in the U. S. S. R., in: Automatic Weather Stations, Proc. of the WMO Techn. Conf. on Automatic Weather Stations, Geneva, 1966; WMO Techn. Note No. 82, Geneva. 1967, S. 34–38.

Anschrift: Dr. habil. W. Höhne, Akademie-Werkstätten für Forschungsbedarf der DAW, 1199 Berlin, Rudower Chaussee 6

551.508.824
551.508.26

Vergleiche der an der Automatischen Fernmeldenden Meteorologischen Station gewonnenen Temperaturwerte mit den Angaben von Quecksilberthermometern (Glasthermometer)

Von **B. Antonik** und **H. Geithner**

Mit 1 Abbildung

Zusammenfassung: Es sind Vergleiche zwischen der Anzeige von Glasthermometern und Widerstandsthermometern angestellt worden. Ablesungen wurden in der Zeit vom 1. Mai bis 26. September 1969 zu den Beobachtungsterminen 07 und 13 Uhr für folgende Elemente vorgenommen:

- Lufttemperatur
- Feuchttemperatur
- Erdbodentemperatur in 5, 10, 20, 50 und 100 cm Tiefe.

Obgleich nur 225 Fälle untersucht wurden, kann gesagt werden, daß die Kontinuität der Beobachtungen und damit die Homogenität langjähriger Reihen nach Einführung der elektrischen Methoden erhalten bleibt außer für die Erdbodentemperaturen in 5 und 10 cm Tiefe.

Summary: Comparisons have been made between indications of mercury thermometers and resistance thermometers. Readings were taken at the observation hours 07 and 13 hrs Central European Time from 1 May to 26 September, 1969, covering the following elements:

- air temperature
- wet-bulb temperature
- soil temperature 5, 10, 20, 50 and 100 cm deep.

Although only 225 cases were involved, it can be said that the continuity of the observations and with it the homogeneity of long-term series will be maintained after introduction of electrical measuring methods, except for the soil temperatures 5 and 10 cm deep.

Резюме: Сравниваютися данные, полученные стеклянными термометрами и термометрами сопротивления. В период с 1ого мая до 26ого сентября 1969 г. проводятся во время сроков наблюдений 07 и 13 ч. отсчеты следующих элементов:

- температура воздуха
- температура влажности
- температура почвы на глубине 5, 10, 20, 50 и 100 см.

Несмотря на то, что исследовались только 225 случаев, можно сказать, что после введения в практику электрических методов измерений сохраняется с исключением температуры почвы на глубинах 5 и 10 см постоянность наблюдений и тем самым однородность многолетних рядов.

Der sich gegenwärtig vollziehende Übergang zur automatischen Datenerfassung in der Meteorologie als Ausdruck der technischen Revolution auf diesem Sektor stellt die wesentlichste Änderung der Beobachtungsmethodik seit der Einrichtung der meteorologischen Beobachtungsnetze in der ersten Häfte des 19. Jahrhunderts dar. Die Erfassung des gleichen meteorologischen Elements mit verschiedenen Meßverfahren bedingt, daß Untersuchungen durchgeführt werden müssen, die Klarheit darüber verschaffen, ob unterschiedliche Meßergebnisse gewonnen werden und von welcher Größenordnung diese Unterschiede sind. Die Beantwortung dieser Frage ist von ausschlaggebender Bedeutung für die Aussagen hinsichtlich der Homogenität der Beobachtungsreihen. Zu diesem Zweck wurden vom 1. Mai 1969 bis zum 25. September 1969 an der Station Grünow Vergleichsmessungen der Temperatur durchgeführt.

Die Lufttemperatur (in 2 m Höhe) wird gegenwärtig im allgemeinen noch mittels Glasthermometer in Thermometerhütten gemessen. Glasthermometer werden auch noch zur Messung der Erdbodentemperaturen in verschiedenen Tiefen benutzt. Bei der zur Zeit in Grünow erprobten Automatischen Fernmeldenden Meteorologischen Station werden für die Temperaturmessung Widerstandsthermometer – Thermometer mit elektrischen Ausgangsgrößen – verwendet. Mit Widerstandsthermometern können momentane Temperaturwerte mit einer Genauigkeit von mindestens $\pm 0{,}1$ Grad bestimmt werden. Zur Messung der Lufttemperatur bedarf es zum Schutze des Thermometers vor der Sonnenstrahlung eines geeigneten Strahlungsschutzes. Zur Zeit wird überwiegend die Thermometerhütte benutzt. Für die automatischen Meßwertgeber für die Erdbodentemperaturen wurden vom Instrumentenamt des MD der DDR geeignete Halterungen konstruiert.

Die Glasthermometer und die Widerstandsthermometer zur Messung der Lufttemperatur und Feuchttemperatur waren in Grünow in der gleichen Thermometerhütte aus Plaste aufgestellt. Die Erdbodentemperaturen wurden mit Glasthermometern und Widerstandsthermometern im gleichen Erdbodentemperaturmeßfeld gemessen. Die Zeiten für die Vergleichsmessungen waren die Termine um 7 Uhr und 13 Uhr MEZ. Die Vergleiche erstreckten sich auf folgende Messungen:

1. Lufttemperatur (Plasthütte 2 m über Grund)
2. Feuchttemperatur (Plasthütte 2 m über Grund)
3. Temperatur im Erdboden in 5 cm Tiefe
4. Temperatur im Erdboden in 10 cm Tiefe

5. Temperatur im Erdboden in 20 cm Tiefe
6. Temperatur im Erdboden in 50 cm Tiefe
7. Temperatur im Erdboden in 100 cm Tiefe

Für jede Vergleichsmessung wurden die Abweichungen zwischen den mit Glasthermometern und elektrischen Widerstandsthermometern gemessenen Werten berechnet und entsprechende Häufigkeitsauszählungen für die Differenzen vorgenommen. Weiterhin wurden die Differenzen als Funktion der mit den Glasthermometern gemessenen Temperaturen dargestellt.

Die Bearbeitung aller aufgeführten Elemente erfolgte nach dem gleichen Prinzip. Auf diese Weise war es möglich, Vergleiche über die Abweichungen der einzelnen Temperaturen übersichtlich darzustellen.

Um einen ersten Überblick zu erhalten, wurden die Ergebnisse der Auszählungen graphisch dargestellt. Als Beispiel ist die Darstellung für die Lufttemperatur in Abb. 1 beigefügt. Gleiche Darstellungen wurden für alle Parameter angefertigt.

Die Abbildung zeigt oben die Häufigkeitsverteilung mit Angabe der mittleren Abweichung von +0,29 grd und dem Medianwert von + 0,23 grd.

In der Mitte ist die Summenprozentkurve dargestellt, die durch die Eintragungen der Grenzen für σ, (16 % und 84 %) sowie durch die Darstellung der entsprechenden Normalverteilung ergänzt wurde.

Die untere Darstellung zeigt die Differenz zwischen Glasthermometern und Widerstandsthermometern als Funktion der mit dem Glasthermometer gemessenen Lufttemperatur, wobei an die Kurve die Zahl der Fälle angetragen wurde. Das Gesamtkollektiv umfaßte 257 Fälle.

Für eine umfassende statistische Bearbeitung wurde das Zahlenmaterial in Tabelle 1 zusammengefaßt. Am Rand ist die Differenz zwischen den Glasthermometern und den elektrischen Widerstandsthermometern aufgetragen. Für jede Meßstelle sind die aufsummierten Häufigkeiten in Prozent eingetragen. Die Bereiche 0 % bis 5 % sowie 95 % bis 100 %, die in der Großzahlforschung Bedeutung haben, wurden durch ⬚ abgegrenzt, der Bereich der Streuung σ von 16 % bis 84 % wurde durch □ eingerahmt.

Bereits diese Darstellung zeigt, daß mit Ausnahme der Messungen im Erdboden in der Oberschicht, auf die später noch einmal eingegangen wird, die Spannweite (Variationsbreite) beträchtlich – im Durchschnitt etwa 1,7 grd – die Streuung σ jedoch relativ klein ist.

Aus dem Zahlenmaterial der Tabelle 1 wurde die Tabelle 2 erarbeitet.

Für jede Meßstelle wurden in Rubrik 1 (Quantilen) die Werte der Abweichung für g_5 (5 %), g_{16} (16 %), g_{25} (25 %), g_{75} (75 %), g_{84} (84 %), sowie g_{95} (95 %) eingetragen.

Rubrik 2 enthält die Spannweite (Variationsbreite) für jede Meßstelle. Für die Meßstellen im Erdboden in 5 cm Tiefe, 20 cm Tiefe sowie 100 cm Tiefe sind einzelne Werte durch * gekennzeichnet. Diese Werte wurden ausgeklammert, da es sich um offensichtliche Fehler handelt, die entweder durch fehlerhafte Ablesung des Glasthermometers oder durch Störung in der elektrischen Meßanlage hervorgerufen wurden. In Rubrik 3 wurde aus den Werten g_{16} und g_{84} T_{68}, die Streuung σ, errechnet.

In Rubrik 4 wurde aus g_{25} und g_{75} T_{50} errechnet, der den Bereich der wahrscheinlichen Abweichung darstellt und 50% aller Werte umfaßt. In Rubrik 5 wurde aus g_5 und g_{95} T_{90} errechnet. Die T_{90}-Spanne wird in der Großzahlforschung als Streuungsmaß verwendet.

Weiterhin ist durch die Angabe von $\frac{T_{50}}{T_{90}}$ dargestellt, inwieweit die Häufigkeitsverteilungen von einer Gauß'schen Normalverteilung (Sollwert 0,41) abweichen. Am rechten Rand ist jeweils noch das arithmetische Mittel sowie der Medianwert der Abweichung aufgetragen.

Die größten Differenzen zwischen den Meßergebnissen mit Glasthermometern und elektrischen Widerstandsthermometern ergeben sich bei den Temperaturen im Erdboden in 5 und 10 cm Tiefe. Dafür sind 2 Gründe als Ursache anzusehen.

Einmal wurden die Ablesungen von 7 Uhr und 13 Uhr in ein Gesamtkollektiv aufgenommen, wobei es sich schon während der Meßperiode zeigte, daß die Wärmeleitung zum Gefäß des Glasthermometers bei den Mittagsablesungen groß ist, was die in Tab. 1 ersichtliche Verschiebung der Abweichung zu positiven Werten zeigt. Zum anderen wurde keine Trennung vorgenommen zwischen den Vergleichsmessungen während einer ausgesprochenen Trockenperiode und einer Periode mit gut durchfeuchtetem Boden.

Eine Trennung der Beobachtungen 7 Uhr und 13 Uhr MEZ ergab für die Meßtiefen 5 cm und 10 cm folgende Abweichungen:

	7 Uhr MEZ	13 Uhr MEZ	Δ
5 cm	+0,27 grd	+1,07 grd	0,80 grd
10 cm	−0,15 grd	+1,22 grd	1,37 grd

Es läßt darauf schließen, daß die Wärmeleitung durch die Glasthermometer sich bis in eine Tiefe von > 10 cm < 20 cm auswirkt und bei 10 cm noch stärker ist als bei 5 cm Tiefe. In 20 cm Tiefe sind die Abweichungen bereits zu gering, um eine eindeutige Aussage ableiten zu können. Außerdem fehlen, was nachteilig ist, Messungen des Nachttermins 1 Uhr MEZ, um aussagekräftigere Schlußfolgerungen ziehen zu können.

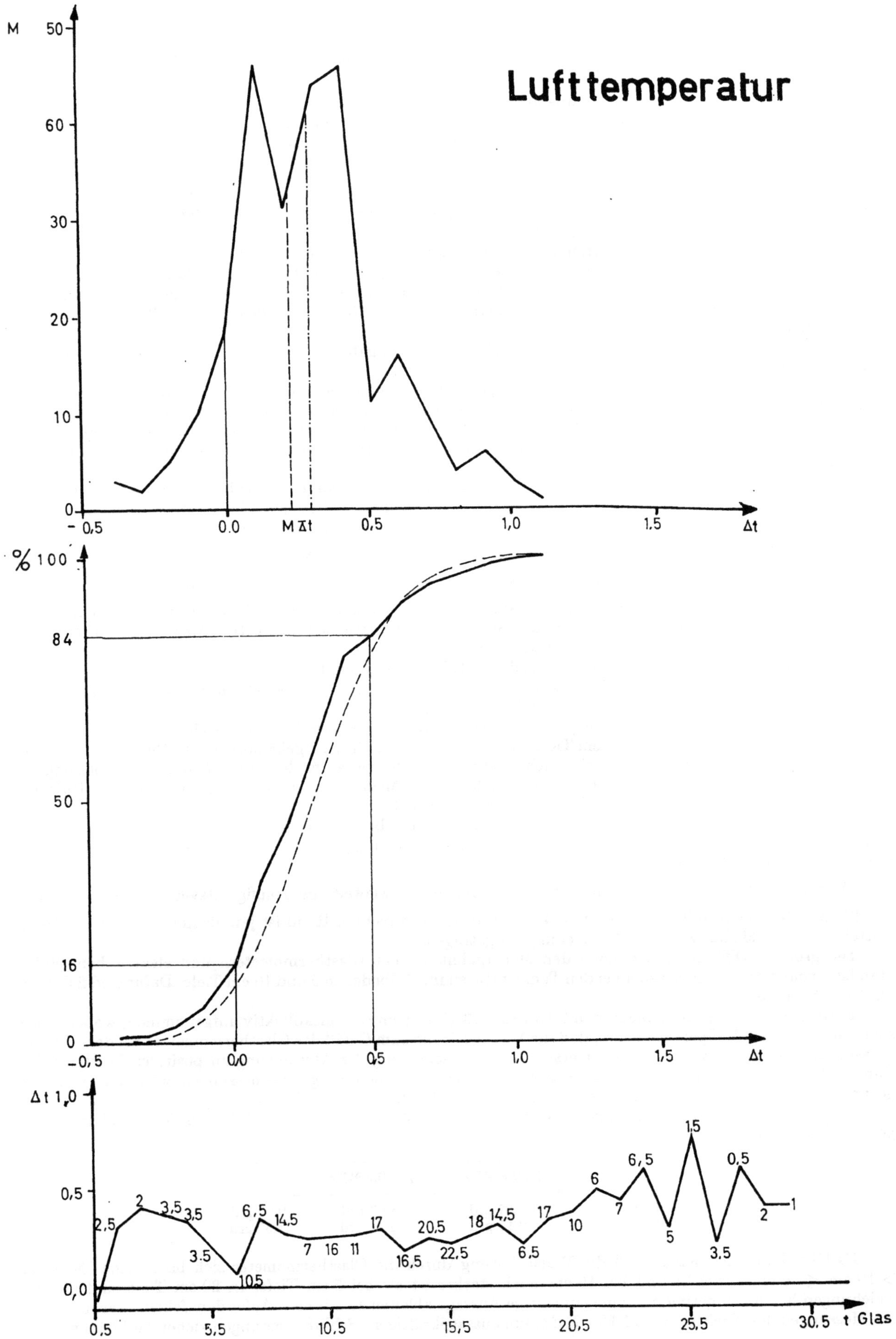

Abb. 1. Vergleiche der an der Automatischen Fernmeldenden Meteorologischen Station gewonnenen Temperaturwerte mit den Angaben von Quecksilberthermometern (Glasthermometern)

Tabelle 1. *Vergleiche der an der AFMS gewonnenen Temperaturwerte mit den Angaben von Quecksilberthermometern (Glasthermometer)*

	Lufttemperatur		Erdbodentemperaturen				
Δ t	trocken	feucht	5 cm	10 cm	20 cm	50 cm	1 cm
−1,5			0,4				
−1,4			0,4				
−1,3			0,4				
−1,2			0,4				
−1,1			0,4				
−1,0			0,8	0,8			
−0,9			0,8	1,2	0,4		0,4
−0,8			1,6	1,6	0,4	0,8	0,4
−0,7			2,4	3,9	0,8	1,6	0,8
−0,6			4,7	6,6	3,9	2,7	2,0
−0,5		0,9	6,3	9,0	9,3	6,3	4,7
−0,4	1,2	2,4	8,2	12,1	18,9	14,5	12,2
−0,3	1,9	5,2	11,8	18,3	27,8	27,4	20,4
−0,2	3,9	10,7	18,0	28,1	40,2	48,5	36,9
−0,1	7,8	18,5	24,7	31,1	50,2	62,6	54,9
0,0	15,2	31,4	34,2	39,1	62,2	76,0	70,0
+0,1	33,1	48,2	40,4	47,1	73,8	91,0	83,5
+0,2	45,2	66,0	45,9	49,8	79,5		90,6
+0,3	62,3	79,8	51,4	53,2	84,5	96,5	93,3
+0,4	80,2		56,5	56,3	92,0	98,4	
+0,5	84,4	89,4	58,4	59,8	94,2	99,2	97,7
+0,6		91,8	61,6	62,2		99,6	99,3
+0,7	90,7	94,8	65,0	63,3	96,5	100,0	100,0
+0,8	94,5	97,0	70,1	66,0	97,7		
+0,9	96,3	98,8	75,2	68,8	99,0		
+1,0	98,5	99,7	78,4	70,0	99,0		
+1,1	99,8	99,7	81,2	72,8	99,3		
+1,2	100,0	99,7	82,7	75,9	99,3		
+1,3		99,7	85,0	79,4	99,6		
+1,4		100,0	89,4	80,5	100,0		
+1,5			90,6	80,9			
+1,6			91,4	82,1			
+1,7			92,5	84,0			
+1,8			92,9	85,2			
+1,9			92,9	86,4			
+2,0			92,9	89,2			
+2,1			93,8	92,6			
+2,2			94,9	94,7			
+2,3			95,6	95,0			
+2,4			95,6	95,4			
+2,5			96,0	96,2			
+2,6			96,8	96,9			
+2,7			97,2	97,3			
+2,8			97,6	97,3			
+2,9			97,6	97,3			
+3,0			97,6	97,3			
+3,1			97,6	98,5			
+3,2			97,6	98,9			
+3,3			98,4	99,3			
+3,4			98,8	99,3			
+3,5			98,8	99,3			
+3,6			98,8	99,3			
+3,7			98,8	100,0			
>+3,7			100,0				

Ein Versuch, die Abweichungen in Abhängigkeit der Bodenfeuchte zu untersuchen, läßt keine Zusammenhänge erkennen. Als Ursache hierfür kann angenommen werden, daß die Messungen der Bodenfeuchte unter Rasen abseits des Meßplatzes für die Erdbodenthermometer vorgenommen wurden, während der Meßplatz für die Erdbodentemperaturen vegetationsfrei gehalten wurde. Es wäre in Zukunft zu prüfen, ob die Bodenfeuchteverhältnisse an beiden Stellen identisch oder verschieden sind.

Im Folgenden sei ein Überblick über die gewonnenen Ergebnisse gegeben. Wie der in der Tabelle 2 durchgeführte Vergleich zeigt, weicht das Verhältnis $\frac{T_{50}}{T_{90}}$ bei allen Vergleichsmessungen von dem Wert 0,41 ab, d. h. die empirischen Verteilungen entsprechen nicht Normalverteilungen. Das ist bei dem geringen Umfang der Kollektive von 255 bis 259 Fällen – bei der Feuchttemperatur betrug die Zahl der Fälle nur 233 – verständlich. Zweigipflige Verteilungen zeigen die Lufttemperatur, die Erdbodentemperatur in 10 cm Tiefe, in 20 cm Tiefe und in schwächerem Maße die in 50 cm Tiefe. Es ist jedoch anzunehmen, daß sich bei einer Vergrößerung des

Tabelle 2. *Vergleiche der an der AFMS gewonnenen Temperaturwerte mit den Angaben von Quecksilberthermometern (Glasthermometer)*

	1						2			3		
	g_5	g_{16}	g_{25}	g_{75}	g_{84}	g_{95}	Variationsbreite			g_{84}	g_{16}	T_{68}
1. Lufttemperatur (2 m)	− 0,17	+ 0,01	+ 0,06	+ 0,37	+ 0,48	+ 0,73	− 0,4	+ 1,1	1,5	+ 0,48	+ 0,01	0,47
2. Feuchttemperatur (2 m)	− 0,31	− 0,13	− 0,05	+ 0,26	+ 0,34	+ 0,61	− 0,5	+ 1,3	1,8	+ 0,34	− 0,13	0,47
3. Temperatur im Erdboden (5 cm Tiefe)	− 0,57	− 0,23	− 0,09	+ 0,89	+ 1,20	+ 2,24	− 1,0	+ 3,4	4,4	+ 1,20	− 0,23	1,43
							− 1,5*	+ 4,9*	6,4*			
4. Temperatur im Erdboden (10 cm Tiefe)	− 0,66	− 0,34	− 0,24	+ 1,18	+ 1,68	+ 2,30	− 1,0	+ 3,7	4,7	+ 1,68	− 0,34	2,02
5. Temperatur im Erdboden (20 cm Tiefe)	− 0,58	− 0,42	− 0,33	+ 0,12	+ 0,29	+ 0,54	− 0,7	+ 1,3	2,0	+ 0,29	− 0,42	0,71
							− 0,9*		2,2*			
6. Temperatur im Erdboden (50 cm Tiefe)	− 0,54	− 0,38	− 0,32	− 0,01	+ 0,05	+ 0,17	− 0,8	+ 0,6	1,4	+ 0,05	− 0,38	0,43
7. Temperatur im Erdboden (100 cm Tiefe)	− 0,49	− 0,35	− 0,23	+ 0,04	+ 0,10	+ 0,35	− 0,7	+ 0,6	1,3	+ 0,10	− 0,35	0,45
							− 0,9*		1,5*			

	4			5					
	g_{75}	g_{25}	T_{50}	g_{95}	g_5	T_{90}	$\frac{T\,50}{T\,90}$ Soll 0,41	Arith. Mittel	Median-wert
1. Lufttemperatur (2 m)	+ 0,37	+ 0,06	0,31	+ 0,73	− 0,17	0,90	$\frac{0,31}{0,90} = 0,35$	+ 0,29	+ 0,23
2. Feuchttemperatur (2 m)	+ 0,26	− 0,05	0,31	+ 0,61	− 0,31	0,92	$\frac{0,31}{0,92} = 0,34$	+ 0,17	+ 0,11
3. Temp. i. Erdboden (5 cm Tiefe)	+ 0,89	− 0,09	0,98	+ 2,24	− 0,57	2,81	$\frac{0,98}{2,81} = 0,35$	+ 0,54	+ 0,24
4. Temp. i. Erdboden (10 cm Tiefe)	+ 1,18	− 0,24	1,42	+ 2,30	− 0,66	2,96	$\frac{1,42}{2,96} = 0,48$	+ 0,59	+ 0,22
5. Temp. i. Erdboden (20 cm Tiefe)	+ 0,12	− 0,33	0,45	+ 0,54	− 0,58	1,12	$\frac{0,45}{1,12} = 0,40$	− 0,03	− 0,10
6. Temp. i. Erdboden (50 cm Tiefe)	− 0,01	− 0,32	0,31	+ 0,17	− 0,54	0,71	$\frac{0,31}{0,71} = 0,44$	− 0,12	− 0,19
7. Temp. i. Erdboden (100 cm Tiefe)	+ 0,04	− 0,23	0,27	+ 0,35	− 0,49	0,84	$\frac{0,27}{0,84} = 0,32$	− 0,07	− 0,12

Kollektivs die Form der Kurven der der Normalverteilung – mit Ausnahme der für die Erdbodentemperatur in 5 und 10 cm – mehr und mehr angleichen und dementsprechend die Abweichungen hier vorwiegend zufälliger Natur sind, d. h. daß systematische oder unstetige Abweichungen, die zu Mischverteilungen führen könnten, nicht auftreten. Stark linksseitig schief sind die Verteilungskurven für die Abweichungen der Temperaturen in 5 und 10 cm Tiefe. Auf die Gründe hierbei wurde bereits eingegangen (Wärmeleitung der Glasthermometer).

Die Darstellung der Abweichungen als Funktion der mit dem Glasthermometer gemessenen Temperatur zeigt nur bei den Erdbodentemperaturen in 5 und 10 cm Tiefe eine deutliche Abhängigkeit von der Temperatur. Mit zunehmender Temperatur nimmt auch die Größe der Abweichungen zu. Ob die schwache Zunahme der Abweichungen bei den Temperaturen in 1 m Tiefe bei steigenden Temperaturen reell ist, konnte im Rahmen dieser Untersuchung nicht geklärt werden. Bei den Differenzen der Erdbodentemperaturen in 5 und 10 cm Tiefe ist die Wärmeleitung der Glasthermometer der Grund für die Zunahme der Abweichungen.

Eine Gegenüberstellung der mittleren Abweichungen (arithmetisches Mittel) und des Medianwertes der Abweichungen zwischen den Glasthermometern und Widerstandsthermometern zeigt, daß, mit Ausnahme der Erdbodenthermometer in 5 und 10 cm Tiefe, die Abweichungen beider Werte zwischen 0,05 und 0,07 grd liegen. Das ist u. a. auch ein Hinweis dafür, daß die Parameter der Gaußschen Normalverteilung für die weiteren Schlußfolgerungen zugrunde gelegt werden können. In 5 und 10 cm Tiefe betragen die Abweichungen 0,30 bzw. 0,37 grd.

Die arithmetischen Mittel der Abweichungen betragen für die verschiedenen Temperaturmessungen

a) Lufttemperatur (in 2 m Höhe, Hütte)	+ 0,29 grd
b) Feuchttemperatur (in 2 m Höhe, Hütte)	+ 0,17 grd
c) Erdbodentemperatur (in 5 cm Tiefe)	+ 0,54 grd
d) Erdbodentemperatur (in 10 cm Tiefe)	+ 0,59 grd
e) Erdbodentemperatur (in 20 cm Tiefe)	+ 0,03 grd
f) Erdbodentemperatur (in 50 cm Tiefe)	– 0,12 grd
g) Erdbodentemperatur (in 100 cm Tiefe)	– 0,07 grd.

Abschließend sei noch auf einige charakteristische Ergebnisse der Tabelle 2 eingegangen, die weitergehende Aussagen über die Struktur der Mittelwerte gestatten. Es sind im einzelnen:

– die Spannweite (Variationsbreite) [1]
– das Streuungsmaß der Großzahlforschung [2]
– die Streuung σ (mittl. quadr. Abweichung) [3]
– der wahrscheinliche Fehler [4]

Für die genannten Parameter wurden für die Abweichungen der Anzeigen der Glasthermometer von denen der Widerstandsthermometer folgende Ergebnisse ermittelt:

	1	2	3	4
		grd		
a) Lufttemperatur	1,5	0,90	0,47	0,31
b) Feuchttemperatur	1,8	0,92	0,47	0,31
c) Erdbodentemperatur in 5 cm Tiefe	4,4	2,81	1,43	0,98
d) Erdbodentemperatur in 10 cm Tiefe	4,7	2,96	2,02	1,42
e) Erdbodentemperatur in 20 cm Tiefe	2,0	1,12	0,71	0,45
f) Erdbodentemperatur in 50 cm Tiefe	1,4	0,71	0,43	0,31
g) Erdbodentemperatur in 100 cm Tiefe	1,3	0,84	0,45	0,27

Die Übereinstimmung der Werte für die einzelnen Parameter – mit Ausnahme der Angaben für die Erdbodentemperaturen in 5, 10 und zum Teil auch in 20 cm Tiefe – ist gut. Die Beträge für die einzelnen Parameter sind von Größenordnungen, die die Vergleichbarkeit der nach beiden Methoden ermittelten Temperaturwerte nicht in Frage stellt, d. h. daß nach Einführung der neuen Meßverfahren auf Grund der bisher vorliegenden Meßergebnisse die Kontinuität der langjährigen Temperaturreihen gewährleistet werden kann. Ein Bruch in der Kontinuität ist auf alle Fälle bei den Reihen der Erdbodentemperaturen in 5 und 10 cm Tiefe zu erwarten, wahrscheinlich auch in 20 cm Tiefe. Auf diese Tatsache wurde bereits von *Primault* [1] in den Ergebnissen seiner Untersuchungen der Erdbodentemperaturen hingewiesen. Hier bedarf es noch weiterer Untersuchungen, wobei die Bodenfeuchte und die Bodenstruktur bei den Vergleichsmessungen in höherem Maße als bisher berücksichtigt werden müssen. Es scheint sich jedoch schon jetzt – nach den Arbeiten von *Primault* – abzuzeichnen, daß elektrische Widerstandsthermometer, die horizontal im Boden liegen, zur Messung der Bodentemperatur am geeignetsten sind. Die Werte der Lufttemperatur in 2 m Höhe wurden in einer Thermometerhütte aus Plaste gemessen, so daß die Vergleichbarkeit der Messungen mit Glasthermometern und Widerstandsthermometern gewährleistet ist. Ein Vergleich der Extremtemperaturen in einer Thermometerhütte aus Holz und einer aus Plaste für das Jahr 1968 zeigt, daß der Jahresmittelwert der Maximumtemperaturen in der Holzhütte um 0,03 grd und der der Minimumtemperatur um 0,18 grd über den in der Plasthütte gemessenen Werten lag. Während die Minimumtemperaturen im Laufe des ganzen Jahres in der Holzhütte über denen in der Plasthütte liegen, ist das bei den Maximumtemperaturen nur während der Wintermonate der Fall. Die Vergleiche wurden mit dem Glasthermometer durchgeführt. Eine eingehende Untersuchung des Verhaltens der Thermometerhütten aus Holz und aus Plast wird zur Zeit durchgeführt. Im Rahmen der vorliegenden Untersuchung wurde das verschiedene Verhalten der Holz- und Plasthütten in bezug auf die Lufttemperatur nur erwähnt, um zu zeigen, daß die Abweichungen von Größenordnungen sind, die die in der Plasthütte gewonnenen Ergebnisse nicht wesentlich verändern können.

Die Untersuchungen, über die hier vorgetragen wurde, werden fortgesetzt, um mit Hilfe größerer Kollektive die bisher erarbeiteten Ergebnisse verbessern zu können. Wesentlich erscheint vor allem auch, daß solche Vergleichsmessungen während des ganzen Jahres – Sommerhalbjahr und Winterhalbjahr – durchgeführt werden. Die Untersuchungsergebnisse dienen dazu, durch sachkundige Entscheidungen zu gewährleisten, daß die Kontinuität der bestehenden Reihen bei dem zukünftigen Einsatz elektrischer Meßmethoden erhalten bleibt.

Literatur

Primault, B., Comparaison l'internationale de thermométres pour la mesure des temperatures du sol. WMO. CAgM – II Warsaw 1958

Anschrift: Dr. B. Antonik und H. Geithner, Meteorologischer Dienst der DDR, Fachabteilung Klimadienst, 15 Potsdam, Luckenwalder Str. 42–44–46

551.508.824
551.501.75

UKW-Fernwindmeßnetz mit digitaler Empfangszentrale

Von V. Galló und M. Mezösi

Mit 4 Abbildungen

Zusammenfassung: Während der Sommersaison gibt der Ungarische Meteorologische Dienst über das Observatorium Siòfok für das Gebiet des Balatonsees Sturmwarnungen heraus.

Für die Objektivierung sind die Informationen über Wind von einem Gebiet von etwa 30 bis 40 km rund um den Balatonsee von besonderer Bedeutung.

Es wird eine Beschreibung des geplanten Netzes für automatische VHF-Windfernmessung gegeben, die den speziellen Anforderungen des Sturmwarnsystems genügen soll. Das Zentrum Siòfok ruft die Stationen nacheinander 4mal täglich ab, wobei die betreffenden Daten nach Analog-Digital-Umsetzung per Telex übertragen werden. Es werden technische Einzelheiten der Meßstationen und des Übertragungssystems beschrieben und eine Analyse für eine mögliche Weiterentwicklung gegeben.

Summary: During the summer season the Hungarian Meteorological Service issues gale warnings via Siòfok Observatory for the Lake Balaton area.

For objectivization, wind information from an area about 30 to 40 km around Lake Balaton are of particular significance.

A description is given of the network planned for the automatic VHF remote measurement of the wind which is to meet the special requirements of the gale warning system. The Siòfok centre interrogates the stations one after the other every quarte of an hour, the respective data being transmitted by telex after analog-digital transformation. Technological details of the measuring stations and the transmission system are described, and an analysis of possible further development is made.

Резюме: Обсерватория Венгерской метеорологической службы в Шиофоке дает в течение летнего полугодия для района Балатона штормовые оповещения. Для объективного обеспечения этой службы большое значение имеет информация о ветре в районе вокруг Балатона с размерами с 30–40 км.

В докладе описывается запланная сеть с учетом специальных потребностей штормовых оповещений для автоматического дистанноного измерения ветра. Из центра в Шиофоке последовательно позвонят через каждые 15 минут станциям, полученные данные напецатаются после аналого-цифрового преобразования на телекс.

1. Einleitung

Der Ungarische Meteorologische Dienst hält im Gebiet des Balatonsees im Sommerhalbjahr einen Sturmwarndienst in Funktion. Eine der Voraussetzungen für das Wirksamwerden dieses Dienstes ist eine gute Informationsversorgung. Die Zentrale des Sturmwarndienstes, das Observatorium Siòfok, erhält die makro- und mesometeorologischen Informationen ausländischer und inländischer Beobachtungsstationen mit Hilfe von Faksimileschreibern, Fernschreibgeräten und UKW-Funktelephonen. Das Beobachtungsmaterial ist aber – gerade im Ufergebiet des Sees – außerordentlich spärlich. Es kommen Lagen vor, bei denen der Synoptiker vom Dienst selbst über die gegenwärtige Lage keine Information erteilen kann. Er weiß nicht, welche Windverhältnisse augenblicklich am anderen Ufer des Sees herrschen.

Die bessere Informationsversorgung soll durch automatische Stationen gesichert werden. Seit 1964 ist in jedem Sommer eine Fernwindmeßstation am anderen Ufer des Sees, in Balatonfüred, in Betrieb und überträgt durch Funk die Windgeschwindigkeit und Windrichtung mit analogen Signalen. Auf Grund unserer bisherigen guten Betriebserfahrungen wird jetzt ein *Fernwindmeßnetz* mit digitaler Registrierung aufgebaut. In diesem Vortrage werden einige interessantere technische Teillösungen dieses Netzes mitgeteilt.

2. Allgemeine Beschreibung

Abb. 1 zeigt die Lage der geplanten Meßstationen dieses Netzes. Die Stationen am Ufer werden in erster Linie zur Mitteilung der *gegenwärtigen* Windinformationen benötigt, die vom Publikum und den Wassersportlern ebenso verlangt werden wie die Prognose, wogegen die Angaben der weiter entfernten Meßstellen in erster Linie vom Sturmwarnpersonal gebraucht werden für Entscheidungen wie: Soll eine Warnung gegeben werden oder nicht? – Sind Böen zu erwarten und wenn ja von welcher Stärke?

Die Hauptstation des Netzes ist Siòfok, von wo die Meßpunkte alle 15 Min. mit einem selektiven Rufsignal der Reihe nach automatisch abgefragt und ihre Angaben mit einem Fernschreibgerät aufgezeichnet werden.

Die Nachrichtenübertragung des Windmeßnetzes wird durch die auf dem 600 m hohen Kabberg liegende automatische Relaisstation, die im 160 MHz-Band arbeitet, über Halbduplex-Funktelephonverbindungen abgewickelt. Die Meßpunkte sind ständig empfangsbereit. Nach Empfang des von der Siófoker Zentrale ausge-

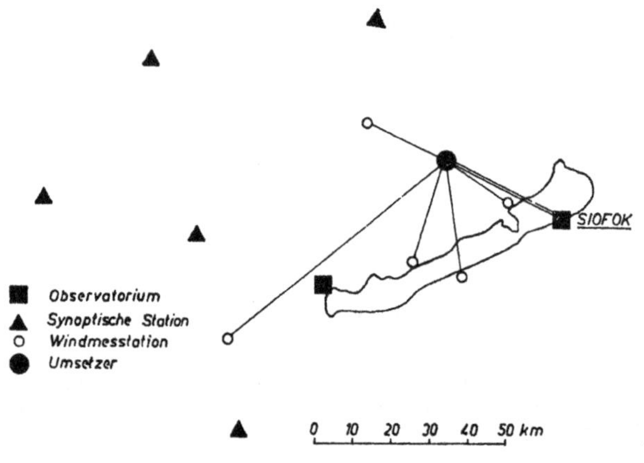

Abb. 1. Die Lage der geplanten Windmeßstationen

strahlten selektiven Rufzeichens strahlt der Sender der aufgerufenen Meßstation 5 s lang das Richtungssignal und sodann 10 s lang die Geschwindigkeitsimpulse aus. Dieser Prozeß wiederholt sich so lange, bis von der Zentrale sämtliche Meßstationen abgerufen worden sind.

Ein Teil der Stationen hat keinen Netzanschluß und wird von einem Akkumulator gespeist. Die ständige Empfangsbereitschaft und die minimale Leistung erfordern volltransistorisierte Funktelephongeräte. Die nahe gelegenen Stationen arbeiten mit Funkgeräten von 0,5 W Leistung ungarischen Fabrikats, die entfernter gelegenen mit Geräten von 15 W englischen Fabrikats (PYE).

Die Informationsübertragung erfolgt durch Frequenzmodulation: Die Hauptrichtungen N–E–S–W werden durch die Frequenzen 1860–2100–2340 Hz repräsentiert, wogegen Geschwindigkeitsimpulse durch die Unterbrechungen der Frequenzen des Hilfsträgers von 2820 Hz weitergeleitet werden; 1 Umdrehung ≙ 1 Impuls.

Die Analog-Digital-Umsetzung wird nur auf der Empfangsseite durchgeführt. Dabei büßt man zwar die Vorteile der digitalen Zeichenübertragung ein, aber die Schaltungen der Meßstationen werden vereinfacht und der Stromverbrauch vermindert.

Aufgabe der zentralen Einrichtung ist die automatische Steuerung des gewünschten Meßprogrammes und die Registrierung der gesammelten Daten. Diese Funktion wird in der Abb. 2 dargestellt.

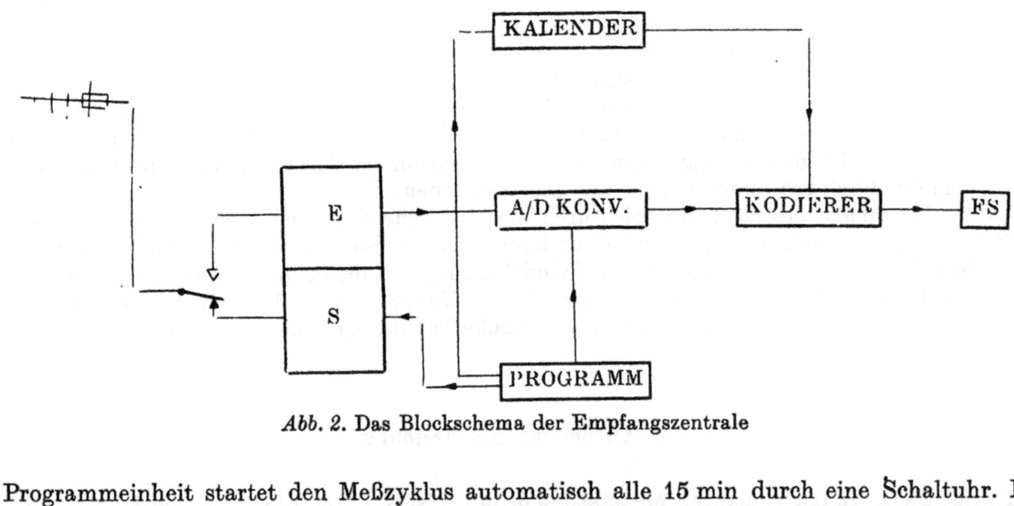

Abb. 2. Das Blockschema der Empfangszentrale

Die Programmeinheit startet den Meßzyklus automatisch alle 15 min durch eine Schaltuhr. Das Fernschreibgerät notiert Datum und Uhrzeit. Sodann wird der Rufton des ersten Meßpunktes vom Sender der Zentrale ausgestrahlt und danach auf Empfang geschaltet. Die Zeichen der angerufenen Station laufen vom Empfänger über selektive Stromkreise in den Geschwindigkeits-bzw. Richtungsspeicher. Dort erfolgt die Analog-Digital-Umsetzung. In der Kodiereinheit werden die gespeicherten Dezimalzahlen in den Telexkode umgesetzt und die Parallel-Serien-Umformung (P–S) vorgenommen.

Die Ausgangssignale werden dem Fernschreiber zugeführt. Das Anrufen, die Messung und das Aufschreiben einer Stationsmeldung nimmt etwa 20 s in Anspruch. Darauf wird die folgende Station angerufen.

Nach dem Registrieren der letzten Stationsmeldung kehrt das System bis zum Beginn des nächsten Zyklus in die Ruhelage zurück.

Das Sturmwarnpersonal hat die Möglichkeit, im Handbetrieb eine beliebige Station zu einer beliebigen Zeit, wenn erwünscht auch mehrmals und vom automatischen Programm unabhängig, anzurufen, bei ruhigen Wetterlagen auch die Zahl der Messungen zu reduzieren, und zwar mit Zyklenfolgen von 30 min anstatt von 15 min.

Der Signalfluß am Meßpunkt ist aus Abb. 3 ersichtlich. Der ständig betriebsbereite Empfänger leitet den selektiven Rufton in die Programmeinheit weiter. Er setzt damit den Sender in Betrieb und löst eine Folgeschaltung aus, die im ersten Takt (5 s) den Richtungsgeber an den Modulator schaltet und eine der gegebenen Richtung entsprechende Tonfrequenz erzeugt. Im zweiten Takt (10 s) wird das Schalenkreuzanemometer

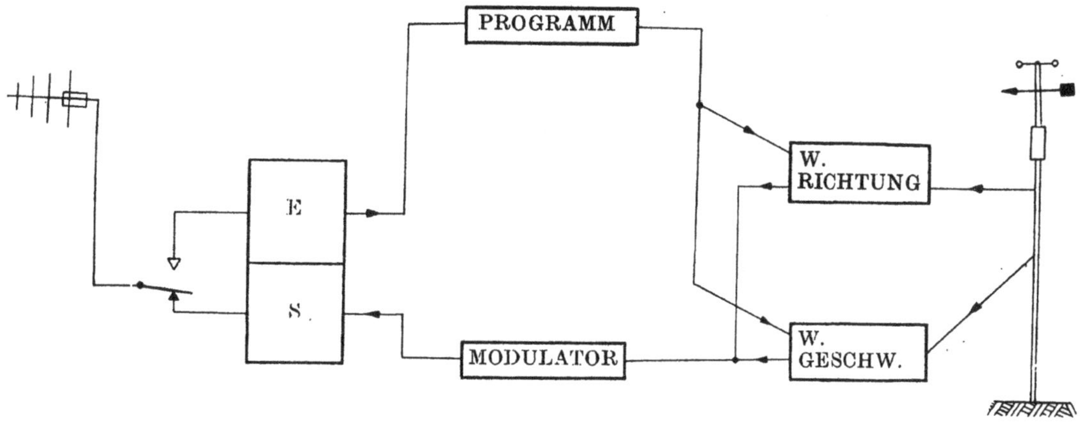

Abb. 3. Das Blockschema der Meßstation

an den Modulator geschaltet. Bei jeder Umdrehung unterbricht der Kontaktgeber einmal den Hilfsträger von 2820 Hz. Den mit der Richtungs- bzw. Geschwindigkeitsfrequenz modulierten Träger strahlt der Sender insgesamt 15 s lang ab, schaltet sodann am Ende des Kippvorganges auf Empfang und erwartet den nächsten Ruf.

Diese Form der Geschwindigkeitsmessung – d. h. eine 10 s Stichprobe alle 15 min – kann bloß als eine Notlösung erachtet werden, da sie mit der üblichen Messung des Windweges über 10 min nicht übereinstimmt. Man muß sich aber vor Augen halten, daß unser Fernwindmeßgerät den Charakter eines zweckgebundenen Gerätes besitzt und die im Sturmwarnungsdienst stehenden Meteorologen weniger an einem genau gemessenen Durchschnittswert als an der Böigkeit des Windes interessiert sind, da eben diese die Hauptgefahr für die Anhänger des Wassersports bedeutet.

Außerdem wurde auf einen minimalen Stromverbrauch an den Meßpunkten und eine möglichst einfache Ausführung sorgfältig geachtet. Aus diesem Grunde wurde vorläufig die Speicherung und Übertragung des 10 min Windweges nicht in den Plan aufgenommen. Die Geschwindigkeitsstichprobe über 10 s kann bloß als ein zeitweiliger Kompromiß angesehen werden. Wir hoffen, daß wir mittels der aus den sog. integrierten „LP" (Low Power) Stromkreisen aufgebauten Speichern, die einen sehr niedrigen Stromverbrauch haben, innerhalb von 1 bis 2 Jahren auf eine bessere Lösung übergehen können: zur gleichzeitigen Fernmessung des 10-min-Windweges und der maximalen Windgeschwindigkeit.

3. Aufbau der Stromkreise

Die Empfangszentrale wurde vollständig aus Digitalschaltungen in der Kartenbauweise ungarischen Fabrikats mit Halbleiterbauelementen projektiert. Dieser Aufbau, der der „2. Generation" entspricht, ist zwar nicht der allermodernste; er ist aber zur Modellierung des kompletten Systems außerordentlich geeignet. Das sich bewährende Modell soll nach einer längeren Betriebserprobung auf integrierte Stromkreise umgestellt werden.

Als Analog-Digital-Wandler dienen Binärspeicher. Die Konvertierung der Richtung geschieht folgendermaßen: Auf die der jeweiligen Hauptrichtung zugeordnete Tonfrequenz spricht jeweils nur einer der selektiven Verstärker an. Nach einer Verzögerung von 2 s triggert er den zugehörigen Flip-Flop, der das Signal speichert. Die vier Hauptrichtungen verfügen über separate selektive Verstärker mit eigenen Flip-Flops.

Das System überträgt auch die Nebenrichtungen, mit der gleichzeitigen Anzeige von 2 Hauptrichtungen. Die Anzeige von mehr als 2 Richtungen oder von sinnlosen Kombinationen z. B. NS oder EW, wird durch eine separate Torschaltung verhindert. Die Richtung ist damit abfragebereit.

Die Konvertierung der Geschwindigkeit beginnt vorläufig mit der Zählung der innerhalb der Stichprobendauer von 10 s empfangenen Impulse. Auf die Unterbrechungen des 2820 Hz-Hilfsträgers spricht auch hier ein selektive Verstärker an.

Die geformten Impulse gelangen zunächst zu einem Verteiler, dessen Untersetzungsverhältnis zwischen 8 : 1 und 2 : 1 variiert werden kann. Sein Ausgangssignal triggert die dekadischen Zähler zur Zählung der Einer und der Zehner. Die Zähler werden von einer Zeitmeßeinheit mit aus der Netzfrequenz abgeleiteten Taktimpulsen gesteuert. Auf diese Art wird die genaue Zeitdauer für die Zählung der Geschwindigkeitsimpulse festgelegt. Mit der Einstellung dieser Zeitdauer und des Untersetzungsverhältnisses des Verteilers erhält man die Anzeige der Windgeschwindigkeit unmittelbar in der gewünschten Einheit (m/s), falls die Eichkonstante des Schalenkreuz-Kontaktanemometers innerhalb des Bereiches 1 . . . 2,5 m Windweg/Umdrehung liegt. Nach dem Schließen der Torschaltung kommt die Zählung zum Stillstand. Das Resultat steht am Ausgang der binärdezimalen Matrizen in Form von 2 Ziffern abfragebereit.

Zu diesem Zeitpunkt werden von der Zeitmeßeinheit die Schieberegister „schnell" und „langsam" und hiermit der Schreibvorgang gestartet. Das Schieberegister „langsam" führt gemäß dem Zeitdiagramm der Abb. 4 eine Parallel-Serien-Wandlung durch. Die in den Speichern (Abb. 4) befindlichen Informationen werden mit UND-ODER-Toren nacheinander auf die Telexmatrix zur Umkodierung geschaltet. Vom „schnellen" Register werden die am Ausgang der Telexmatrix parallel anstehenden Zeichenkombinationen in 8 Schritten von 20 ms Dauer abgefragt und mit dem Fernschreibgerät registriert. Die Aufzeichnung der Angaben einer Station geht in 8 Takten vor sich:

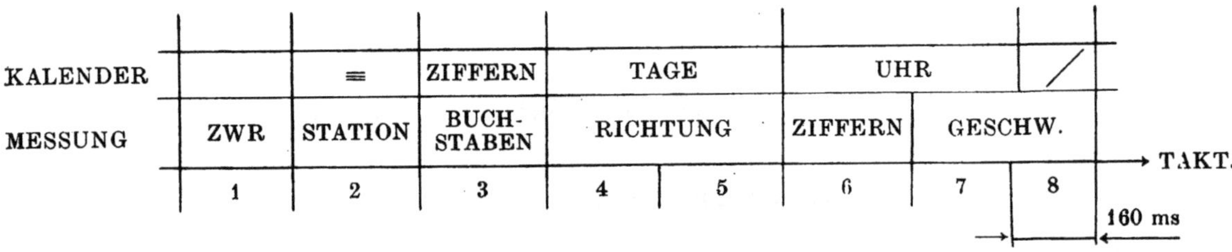

Abb. 4. Das Zeitdiagramm der Kodierstufe

Nach dem Zwischenraum und der Stationsnummer erhält die Maschine das Zeichen „Buchstaben-Umschaltung" und schreibt danach eine Hauptrichtung mit einem Buchstaben, eine Nebenrichtung mit 2 Buchstaben aus. Nach dem Zeichen „Ziffern-Umschaltung" folgt in den Takten 7 und 8 die Ausgabe der Geschwindigkeit mit 2 Ziffern.

Der im Sturmwarnungsdienst stehende Synoptiker wird durch eine Warnschaltung beim Überschreiten einer Windgeschwindigkeit von 10 m/s durch ein Lichtzeichen gewarnt. Der „Hilfsstart" sorgt für die Fortsetzung des Meßzyklus, falls die angerufene Station nicht geantwortet hat, oder der Geschwindigkeitsmesser nicht funktionierte.

Die funktechnischen Einheiten des oben dargestellten Fernwindmeßnetzes sind mitsamt der automatischen Relaisstation betriebsbereit. Zur Zeit ist die Laboratoriumserprobung und die Endmontage der digitalen Empfangszentrale im Gange. Parallel damit werden von einer anderen Abteilung die Einheiten der Meßstationen gebaut. Die komplette Betriebserprobung ist im Sommer 1970 vorgesehen.

Anschrift: V. Galló und, M. Mezösi, Meteorologischer Dienst der UVR, Budapest II, Kitaibel Pál u. 1

551.508.824

Унифицированные датчики для автоматических гидрометеорологических станций

В. А. Усольцев

С 1 рисунком

Zusammenfassung: Beschreibung von 9 Gebern, die für automatische und halbautomatische hydrometeorologische Stationen bestimmt sind. Mit Hilfe der Geber erfolgt die Umwandlung der Parameterwerte der meteorologischen Elemente in elektrische Größen. Die Geber haben folgende Charakteristik:

Lfd. Nr.	Benennung des Gebers	Meßbereich	Meßgenauigkeit
1.	Lufttemperatur	− 60 bis 50°	± 0,15°
2.	Wassertemperatur	−2 bis 40°	± 0,15°
3.	Temperatur des Erdbodens	−40 bis 60° in 9 verschiedenen Tiefen	± 0,2°
4.	Luftdruck	100 mb im Bereich von 680 bis 1070 mb	± 0,25 mb
5.	Luftfeuchte	− 43 bis 35°	± 0,5° Taupunkt
6.	Wind		
	a) mittlere Windgeschwindigkeit über 10 min	bis 40 m/s	± (0,5 + 0,05 V)
	b) maximale Windgeschwindigkeit zwischen den Meßterminen	bis 60 m/s	± (1 + 0,05V)
	c) Windrichtung	0 bis 360°	± 10°
7.	Flüssiger Niederschlag	1 − 25 mm	± (0,5 + 0,05 Q) mm
8.	Wasserstand	0 − 300 cm 0 − 600 cm 0 − 1200 cm	0,5% des Meßbereichs

Bemerkung: V − Windgeschwindigkeit (m/s)
Q − Menge des flüssigen Niederschlages (mm)

Der Sonnenscheingeber gibt bei Vorhandensein von Sonnenschein ein Signal, wenn bei Einschalten der Station die direkte Sonnenstrahlung einen Wert von 0.22 cal/cm² oder mehr hat.

Summary: This is a description of 9 sensors to be used in automatic and semiautomatic hydrometeorological stations. By means of the sensors the measured values of meteorological elements are converted into electrical parameters. The sensors have the following characteristics:

No.	designation of the sensors	measuring range	measuring accuracy
1.	air temperature	−60 to 50°	± 0.15°
2.	water temperature	− 2 to 40°	± 0.15°
3.	soil temperature	−40 to 60° in 9 different depth	± 0.2°
4.	atmospheric pressure	100 mb in the range 680 to 1070 mb	± 0.25 mb
5.	atmospheric humidity	−43 to 60°	± 0.5° dewpoint
6.	wind		
	a) mean wind velocity within 10 min	up to 40 m/s	± (0.5 + 0.05 V)
	b) maximum wind velocity between the observation hours	up to 60 m/s	± (1 + 0.05 V)
	c) wind direction	0− 360°	± 10°
7.	rainfall	1 − 25 cm	± (0.5 + 0.05 Q) mm
8.	water level	0 − 360 cm 0 − 600 cm 0 − 1200 cm	0.5% of the measuring range

Note: V − wind velocity (m/s)
Q − amount of rainfall (mm)

The sunshine sensor gives a signal when there is sunshine, if after switching-on the station the direct solar radiation is equal or greater than 0.22 cal/cm².

Резюме: Приводится описание 9 датчиков, предназначенных для автоматических и полуавтоматических гидрометеорологических станций. С помощью датчиков осуществляется преобразование значений параметров метеоэлементов в электрические величины. Датчики имеют следующие основные характеристики:

№	Наименование датчика	Диапазон применения	Погрешность
1	Температура воздуха	— 60–50%	± 0,15°
2	Температура воды	— 2–40°	± 0,15°
3	Температура почвы	— 40–60° на 9 глубинах (горизонтах)	± 0,2°
4	Атмосферное давление	100 мб в диапазоне от 680 до 1070 мб	± 0,25 мб
5	Влажность воздуха	— 43–35° точки росы при температуре от —30 до 50° соответст венно	0,5° точки росы
6	Ветер		
	а) средняя за 10 мин скорость ветра	до 40 м/сек	± (0,5 + 0,05 V)
	б) максимальная скорость ветра между сроками измерения	до 60 м/сек	± (1 + 0,05 V)
	в) направление	0–360°	± 10°
7	Жидкие осадки	1–25 мм	± (0,5 + 0,05Q) мм
8	Уровень воды	0–300 см 0–600 см 0–1200 см	0,5% от диапазона измерения

примечание: V — скорость ветра (м/сек)
Q — количество жидких осадков (мм)

Датчик солнечного сияния воздает сигнал о наличии солнечного сияния при условии, если в момент включения станции напряженность прямой солнечной радиации составляет 0,22 кал/см² и выше.

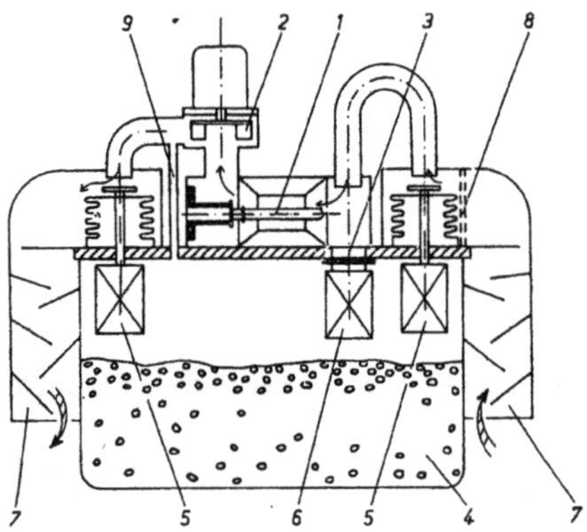

Рис. 1

В соответствии с планом технической реконструкции гидрометеорологической службы СССР разработан комплекс унифицированных датчиков. С помощью этих датчиков, предназначенных для автоматических и полуавтоматических гидрометеорологических станций, осуществляется преобразование значения параметров метеоэлементов в электрические величины.

В качестве выходных параметров при разработке датчиков допускалось использовать:

а) активное электрическое сопротивление в диапазоне от 380 до 600 ом или от 440 до 680 ом,

б) отношение сопротивления плеч проволочного потенциометра,

в) частоту следования импульсов в пределах от 1 до 60 импульсов в секунду (для параметров, измеряемых и осредняемых в течение времени не более 10 мин.)

г) временное смещение (фазовый сдвиг) между импульсами,

д) число импульсов или замыканий контактов в цикле измерения в пределах от 0 до 999,

е) постоянный ток от 0 до 30 ма при входном сопротивлении измерительного прибора не выше 30 ом.

Из приведенного перечня следует, что по виду выходного параметра датчики могут значительно отличаться между собой. Это позволило максимально упростить конструкцию датчиков, как устройств, работающих в наиболее неблагоприятных условиях.

В системе гидрометеорологических наблюдений наибольший вес занимают измерения значений различных температур: температуры воздуха, температуры воды в водоемах, температуры почвы на различных горизонтах и т. д. Все датчики, предназначенные для измерения этих метеоэлементов, построены на использовании специально разработанного унифицированного прецизионного 500-омного платинового термометра сопротивления. Погрешность термометра не превышает 0,15°.

Датчик, предназнначеный для измерения температуры воздуха, состоит из термометра сопротивления и аспиратора. Термометр сопротивления помещен внутри радиационной защиты, состоящей из двух концентрически расположенных трубок.

Аспиратор имеет электродвигатель, на ось которого установлена крыльчатка центробежного вентилятора. С помощью аспиратора во время работы датчика осуществляется вентиляция термометра и радиационной защиты со скоростью воздушного потока около 4 м/сек. Для эксплуатации датчик устанавливается внутри стандартной жалюзийной будки. Диапазон измерения температуры воздуха от — 60 до 50°.

Инструментальная погрешность датчика, определяемая повторными поверками термометра, не превышает 0,15 °C.

Датчик температуры воды предназначается для измерения температуры в реках, озерах и водохранилищах а так же для измерения температуры морской воды в прибрежной зоне акватории. Датчик состоит из термометра, арматуры, предохраняющей термометр от механических повреждений и кабеля. Диапазон измерения температуры воды от — 2 до 40 °C. Погрешность датчика ± 0,15 °C.

Датчик температуры почвы представляет собой комплект, состоящий из 9 термометров: 4-х термометров верхнего горизонта, устанавливаемых на глубины 3, 5, 10, 20 см, и 5 термометров нижнего горизонта, устанавливаемых на глубины 40, 80, 120, 160 и 320 см. Каждый термометр верхнего горизонта состоит из термометра сопротивления, герметично соединенного с отрезком кабеля. Термометры нижнего горизонта имеют пластмассовые трубы с металлическими наконечниками. В эти трубы (для глубин 160 и 320 см они разъемные) устанавливаются термометры сопротивления с герметично присоединенным кабелем. Термочувствительная часть термометров сопротивления имеет тепловой контакт с металлическим наконечником трубы. Диапазон измерения температуры с помощъю почвенных термометров составляет от —40 до 60°. Погрешность не превышает ± 0,2 °C.

Принцип работы датчика атмосферного давления основан на преобразовании изменения атмосферного давления в отношение электрических сопротивлений.

В качестве чувствительного элемента давления используется чашечный ртутный барометр, применяемый для измерения атмосферного давления на метеорологических станциях. На этот барометр установлена специальная следящая система, которая имеет фотоэлектрическую приставку. Эта приставка состоит из миниатюрной лампочки накаливания, оптической линзы и двух фоторезисторов, рабочего и компенсационного.

Фотоэлектрическая приставка закреплена на гайке ходового винта расположенного параллельно столбику ртути в барометре. Ходовой винт кинематически связан с осью проволочного прецизионного потенциометра, а так же через редуктор с реверсивным микроэлектродвигателем постоянного тока. Микроэлектродвигатель получает питание от пропорционального усилителя, на вход которого подключены фоторезисторы. Направление вращения микроэлектродвигателя выбрано так, что при минимальной интенсивности светового потока, падающего на рабочий фоторезистор, фотоэлектрическая приставка перемещается вверх до тех пор, пока световой поток не займет определенного положения относительно мениска столбика ртути. Если же на рабочий фоторезистор будет падать весь световой поток, то фотоэлектрическая приставка будет перемещаться вниз опять таки до тех пор, пока световой поток не окажется точно в таком же положении относительно мениска ртути, как и в предыдущем случае. Поскольку ходовой винт, перемещающий фотоэлектрическую приставку вдоль столбика ртути, кинематически связан с осью проволочного потенциометра, то отношение сопротивления плеча потенциометра к его полному сопротивлению будет зависеть только от величины атмосферного давления.

В электрической схеме потенциометра установлено специальное термочувствительное сопротивление, предназначенное для осуществления точной коррекции влияния температуры на изменение высоты столбика ртути в барометре. Для устранения погрешности от прилипания ртути в нижней части барометра установлен пневматический встряхиватель.

Диапазон измерения – 100 мб. Предельные значения измеряемого атмосферного давления от 680 до 1070 мб. Допустимый диапазон изменения температуры от —15 до 35° или от 5 до 40° в зависимости от модификации (способа установки). Погрешность датчика ±0,25 мб.

Принцип работы датчика влажности воздуха основан на преобразовании значений влажности воздуха в электрическое сопротивление термометра, с помощью которого измеряется температура насыщенного раствора хлористого лития, находящегося в термодинамическом равновесии с влажным воздухом, окружающим чувствительный элемент.

Датчик влажности состоит из подогревного электромагнитного чувствительного элемента и специального устройства, имеющего измерительную камеру. При измерении влажности через измерительную камеру, где находится чувствительный элемент, принудительно, через фильтры, протягивается наружный воздух, а после окончания измерения, входной и выходной патрубки измерительной камеры закрываются и полость измерительной камеры сообщается только с бачком, содержащим влагопоглотител цеолит. При этом после окончания измерения в течение I мин. измерительная камера продувается сухим воздухом датчика. Благодаря этому в измерительной камере, в промежутках между циклами измерений, поддерживается низкое значение относительной влажности, что предотвращает разжижение раствора хлорисгого лития на чувствительном элемента после отключения цепи питания датчика, улучшает пусковую харатеристику чувствительного элемента и увеличивает устойчивость его работы в области отрицательных температур.

Выходной параметр датчика — электрическое сопротивление — изменяется в зависимости от величины точки росы. Диапазон измерения точки росы находится в пределах от –43 до 35° при температуре окружающего воздуха от —30 до 50° соответственно. Погрешность датчика при влажности выше 80% не превымает ±0,5° точки росы.

Для работы датчик влажности устанавливается на метеоплощадке в специальной будке, которая отличается от обычных метеорологических будок тем, что в ней жалюзи расположены вертикально и они менее подвержены забиванию снегом.

Принцип действия датчика ветра основан на преобразовании ветрового потока в механическое вращение винтового ветроприемника и в поворот флюгарки. Датчик в процессе измерения одновременно вырабатывает три серии импульсов: одну опорную и две вспомогательных. Частота опорных импульсов и число их за заданный промежуток времени определяют значения мгновенной и средней за 10 мин. скорости ветра. Величина сдвига фазы вспомогательных импульсов относительно опорных, пропорциональная углу поворота флюгарки, определяет направление ветра.

В датчике импульсы генерируются специальными устройствами — импульсаторами. При каждом обороте винтового ветроприемника один из них вырабатывает импульс опорной серии, а два остальных импульсы вспомогательных серий. Серии импульсов, вырабатываемые датчиком ветра, преобразовываются в центральном устройстве автоматической станции в величины, представляющие параметры ветра.

Погрешности датчика составляют:

– при определении средней (за 10 мин.) скорости ветра $\pm$ (0,5 + 0,05 V) м/сек.
– при определении среднего (за 10 мин.) направления ветра $\pm 10°$
– при определении максимальной скорости ветра между сроками измерения $\pm$ (I + 0,05 V) м/сек. (V — скорость ветра в м/сек).

Для эксплуатации датчик ветра устанавливается на мачту, высотой 12 м.

Датчик жидких осадков предназначен для измерения количества выпавших осадков за период между сроками измерения. Принцип действия датчика заключается в преобразовании количества выпавших осадков челночным способом в число замыканий электрического контакта.

Датчик состоит из приемной части с поверхностью 500 см^2 и измерительного устройства. Измерительное устройство имеет сливную воронку, челнок, постоянный магнит и магнитоуправляемый контакт. Для уменьшения позиционной погрешности измерительное устройство установлено на карданный подвес.

Вода, поступившая в приемную часть датчика, стекает в одну из половин челнока. В момент, когда в челноке накапливается определенное количество осадков (24,5 см^3) происходит его опрокидывание и под сливное отверстие воронки подставляется другая половина челнока. В момент каждого опрокидывания челнока замыкается магнитоуправляемый контакт.

Датчик устанавливается на специальную стойку, при этом высота приемной поверхности составляет 2 метра от поверхности почвы.

Пределы измерения — от I до 25 мм жидких осадков, выпавших за 3 часа (между сроками измерений). Погрешность датчика $\pm$ (0,5 + 0,05 Q), где Q — количество осадков в мм.

Датчик солнечного сияния предназначен для определения наличия или отсутствия солнечного сияния в месте его установки в момент включения станции.

Чувствительным элементом датчика являются 3 группы фотоэлементов. Каждая группа состоит из двух идентичных секций фотоэлементов, расположенных диаметрально противоположно и электрически соединенных навстречу друг другу. При отсутствии солнечного сияния суммарная радиация, равная потоку рассеянной радиации, воздействует на обе секции одинаково и результирующий фотоэлектрический эффект на выходе группы фотоэлементов равен нулю.

При наличии солнечного сияния, на секцию фотоэлементов, обращенную в сторону солнца, воздействует поток суммарной радиации, складывающейся из прямой радиации и рассеянной радиации, в то время как на противоиожно направленную секцию воздействует поток только рассеянной радиации. За счет этой разности на выходе данной группы фотоэлементов возникает электрический ток.

Для обеспечения постоянства начальной чувствительности при различной высоте солнца в датчике установлен специальный конусный отражатель. Все рабочие элементы датчика защищены стеклянным колпаком.

Пороговая чувствительность датчика к наличию прямой солнечной радиации, определяемая по величине постоянного тока на его выходе, составляет 0,22 кал/см^2.

Датчик уровня воды предназначен для периодических измерений уровня моря в прибрежной зоне. Прицнип действия датчика основан на преобразовании перемещения уровня воды в вличину отношения электрического сопротивления плеча проволочного потенциометра к его полному сопротивлению.

В качестве чувствительного элемента уровня воды используется поплавковое устройство серийного прибора, предназначенного для измерения уровня моря. Вал поплавкового колеса этого устройства через зубчатый редуктор соединен с осью прецизионного проволочного потенциометра.

Для установки датчика необходим колодец с будкой над ним. Колодец соединяется с морем подводящей трубой или каналом.

Датчик может быть изготовлен в зависимости от модификации для измерения уровня в диапазонах: от 0 до 300 см, от 0 до 600 см и от 0 до 1200 см. Погрешность датчика не превышает 0,5% от диапазона измерения.

Anschrift: V. A. Usol'cev, Hauptverwaltung des Hydrometeorologischen Dienstes der UdSSR, Moskau D 376, Pavlik-Morosov-Str.12

551.508.71

Zur Messung der Taupunkttemperatur mit dem LiCl-Taupunkthygrometer der Fa. Feutron, Greiz

Von **H. Henning**

Mit 2 Abbildungen

Zusammenfassung: Die im Routine-Einsatz mit dem LiCl-Taupunkt-Hygrometer der Firma Feutron gewonnenen Ergebnisse wurden mit Hilfe von Doppel-Ventilations-Psychrometern für Wetterhütten untersucht.

Der Meßfehler dieses Systems, der hauptsächlich durch Wärmeleitung entsteht, wurde unter Benutzung insbesondere einjähriger Reihen der Flugwetterwarte Berlin-Schönefeld auf seine Abhängigkeit von der relativen Feuchte und getrennt davon von der Taupunkt-Temperatur untersucht.

Eine höhere Meßgenauigkeit als ± 0,4 °C ist weder im Bereich zwischen + 20 °C und − 18 °C Taupunkt-Temperatur noch zwischen 20% und 100% relativer Feuchte möglich. Messungen, die unter − 18 °C Taupunkt-Temperatur und mit Werten der relativen Feuchte unter 20% gemacht werden, liefern keine zuverlässigen Ergebnisse. Die relative Häufigkeit solcher Werte in der DDR ist jedoch geringer als 0,1% der vorliegenden Fälle. Weitere Vergleichsmessungen unter Benutzung weiterentwickelter Taupunkt-Sensoren dieses Typs werden zum Zwecke der Erweiterung der Kenntnisse über die Zuverlässigkeit, die Wartungskosten und ökonomische Probleme hochentwickelter Systeme im Routinedienst durchgeführt.

Summary: The results obtained in routine operation of LiCl dew-point hygrometers, manufactured by the FEUTRON Company, are investigated using double-ventilation thermometer screen psychrometers.

The measuring error of this system, mainly originating from heat conduction, is investigated for its dependence on relative humidity and separately, on dew-point temperature, particularly using one-year series of the Aeronautical Meteorological Office at Berlin-Schönefeld.

An instrument precision of more than ± 0.4 deg is feasible neither between + 20 °C and − 18 °C dew-point temperature nor within the relative humidity range of 20% to 100%. Measurements made below + 18 °C dew-point temperature and with relative humidity values smaller than 20% did not furnish reliable results. The relative frequency of the occurrence of such values in the GDR is, however, lower than 0.1% of the cases available. Further comparison measurements operating further developed dew-point sensors of this type will be carried out in order to gain more knowledge on the reliability assessments, the maintenance expenditure and economic problems of high-standard systems in routine operation.

Резюме: Посредством сравнительных измерений с двояко вентилируемым психрометром Августа исследуются результаты, полученные в оперативной практике при использовании LiCl – конденсационного гигрометра.

Ошибка измерений, преимущественио возни кающая благодаря отводу тепла этой системы, исследуется раздельно в зависимости от относительной влажности воздуха и температуры точки росы, в цастности по однолетному ряду измерений на авиаметеорологической станции Берлин-Шенефельд. Точности измерений больше ± 0,4° ни в диапазоне относительной влажности воздуха от 20% до 100% не удается достигать. Измерения, проводящиеся при температуре-точки росы ниже − 18° Ц и относительной влажности ниже 20%, не дают достоверных результатов. Такие значения однако на территории ГДР наблюдаются с относительной повтояемостью всех случаев.

Следует провести дальнейшие сравнительные измерения с помощью усовершенствованных измерительных щупов точки росы с тем, чтобы можно накопить опыт по оценке достоверности, затратам для ухода и экономическим проблемам высоко развитых систем, использующихся в оперативной работе.

Die Messung der Luftfeuchte über einen größeren Temperaturbereich stößt wegen der Leistungsfähigkeit der einzelnen Meßsysteme auf Schwierigkeiten. Geeigneten Verfahren, wie Taupunkthygrometer, bei denen die Kondensation durch isobare Abkühlung an nicht hygroskopischen Materialien erfolgt, sind technisch aufwendig, bedürfen immer noch einer laufenden Wartung vor allem hinsichtlich der Reinhaltung des vorwiegend verwendeten Goldspiegels und der Konstanthaltung des anzusaugenden Luftvolumens in die Meßkammer. Deshalb sind sie für die Verwendung an automatischen Stationen noch nicht geeignet. Psychrometer fallen aus wegen der Schwierigkeit, eine definierte Dauerbefeuchtung zu erzeugen und die erforderliche Meßgenauigkeit bei Temperaturen unter −0 °C herzustellen.

Man beschäftigte sich deshalb in der Meteorologie mit elektrolytischen Taupunkthygrometern, die auch im aerologischen Bereich einsetzbar sind. Hierbei hat das 1941 bekannt gewordene LiCl-Taupunkthygrometer besondere Verbreitung gefunden. Es wird in mehreren Ländern industriell gefertigt und auch in anderen Bereichen in großer Stückzahl eingesetzt. Dabei wird besonders geschätzt, daß zur Erzeugung der Gleichgewichtstemperatur, die als Maß des Dampfdruckes bzw. der mit diesem in seinem direkten Zusammenhang stehenden Taupunkttemperatur dient, eine Erwärmung des Meßsystems ausgenutzt werden kann. Die Messung der Taupunkttemperatur kann dann auf normale Temperaturmeßverfahren zurückgeführt werden.

Mit den theoretischen Grundlagen dieser Methode haben sich besonders *Wylie* (1957) und *Höhne* (1963) beschäftigt. Erprobungsberichte liegen von *Conover* (1950), *Morris* und *Sobel* (1954) und *Tanner* und *Suomi* (1956) vor. Die Untersuchungen zeigen die Komplexität der Einflüsse zahlreicher Faktoren auf die Meßleistung und Meßgenauigkeit auf. Besondere Grenzen des Einsatzbereiches werden durch den verwendeten Stoff LiCl selbst gegeben, der sich temperaturabhängig in verschiedene Hydrate besonders $LiCl \cdot H_2O$ in $LiCl \cdot 2\,H_2O$ umwandelt, wobei diese Umwandlung nicht bei einer genau definierten Temperatur, sondern innerhalb eines

Temperaturbereiches eintritt. Die Messungen sind in diesen Bereichen zweideutig, da nicht bekannt ist, welche Umwandlungskurve in vorliegendem Falle zuständig ist. Meßfehler, die so bedingt sind, werden nach *Lieneweg* vor allem bei Taupunkttemperaturen < 10 °C beobachtet. Niederschlag und Nebeltröpfchen verfälschen selbstverständlich die Meßwerte. Wird die Gleichgewichtstemperatur bei geringen Werten der relativen Luftfeuchte gleich der Lufttemperatur oder geringer, findet kein Einstellvorgang mehr statt. Nach *Tanner* und *Suomi* tritt diese Erscheinung schon ein, wenn die Differenz Gleichgewichts- minus Lufttemperatur 3 grd beträgt.

Eine ausführliche Zusammenstellung mit Angaben über die wichtigsten Ergebnisse aller einschlägigen Arbeiten über die Messung der Taupunkttemperatur mit Lithiumchlorid Feuchtefühlern hat *D. Sonntag* in „Hygrometrie“, ein Handbuch der Feuchtigkeitsmessung in Luft und anderen Gasen, vorgenommen. (Akademie-Verlag Berlin 1967).

Da auch ein LiCl-Feuchtemeßsystem in der DDR zur Verfügung steht, wurden im Meteorologischen Dienst der DDR Erprobungen mit dem von der Firma Feutron, Greiz, hergestellten Gerät ausgeführt. Es sollte geprüft werden, ob eine Einsatzmöglichkeit an Automatischen Fernmeldenden Meteorologischen Stationen vorgesehen werden kann. Die untere Begrenzung des Meßbereiches bei etwa –18 °C Taupunkttemperatur stellt für das Gebiet der DDR kein wesentliches Hindernis dar, das Gerät zum Einsatz zu bringen. Die relative Häufigkeit des Eintritts der Taupunkttemperaturen von — 18 °C und niedriger liegt nach Messungen in Potsdam über einen 50jährigen Zeitraum (1901 bis 1950) bei 0,1 bis 0,0.

Das Gerät zeigt folgenden Aufbau:

Über einem Platinwiderstandsthermometer befindet sich ein dünner Glaskörper von 80 mm Länge und einem Durchmesser von 5 mm. Darüber ist ein mit LiCl-Lösung getränkter Strumpf aus Glaswolle geschoben, der mit einer aus Silberdraht bestehenden Elektrode versehen ist. Der Elektrodenabstand beträgt 1 mm. Als Windschutz ist ein feinmaschiger Gazezylinder übergeschoben. Eine Metallhülse von 30 mm Durchmesser mit 16 axial angeordneten Belüftungsbohrungen von 5 mm Durchmesser dient als mechanischer Schutz. Die Stromversorgung beträgt 25 V ~ mit angepaßter Strombegrenzung und Stabilisierung der Heizstromquelle.

Als Gerätegenauigkeit wird ± 0,7 grd Taupunkttemperatur bis T = 40 °C, darüber ± 1 grd vom Hersteller angegeben. Im Bereich von –18 °C bis – 22 °C und bei + 33 °C werden wegen der eintretenden Kristallwasserumwandlung Meßunsicherheiten erwartet, da hierbei der Meßwert nicht stabil ist.

Das Gerät wird im Einsatz als zusätzlicher Windschutz noch von einem Metallzylinder umgeben von 150 mm Länge und einem Durchmesser von 90 mm.

In den vorangegangenen Jahren wurden bereits Messungen mit diesem Taupunktfühler ausgeführt. Sie bestätigten den wartungsfreien Einsatz über einen langen Zeitraum, auch Verschmutzung des Fühlers durch Staub (im Gegensatz zum Strumpf des Psychrometers) blieben ohne nachweisbaren Einfluß. Eine eingehende Untersuchung über den Windeinfluß auf den in der Thermometerhütte (2 m über Grund) untergebrachten Taupunktfühler konnte nicht ausreichend eindeutig nachgewiesen werden. Mit zunehmender Windgeschwindigkeit wurde auch eine Zunahme der Wellenzahl der Taupunkttemperatur beobachtet, wobei Werte bis 16 Wellen pro Stunde festgestellt wurden, d. h. die Messung der Taupunkttemperatur kann bei einer Einzelablesung einen Zufallswert ergeben, insbesondere dann, wenn durch Einstrahlung dieser Effekt in der bodennahen Luftschicht noch verstärkt wird.

Weiterhin wurde aus Vergleichsmessungen mit einem Taupunktspiegel mit Peltierkühlung (System Aqmel) experimentell die Regelleistung bestimmt. Sie beträgt ca. 50 s/°C.

Über einen längeren Zeitraum wurden die stündlichen maximalen Änderungen der Taupunkttemperatur ausgewertet. Sie liegen zwischen 0,7 grd und 2,5 grd. Der Taupunktfühler wird deshalb alle nicht sprunghaft eintretenden Taupunkttemperaturänderungen auch zeitlich richtig anzeigen. Die tagsüber zu beobachtenden Schwankungen der Taupunkttemperatur werden entsprechend der Regelleistung wiedergegeben, lediglich kleine Schwankungen unter 1 grd und kurzer Andauer werden nicht erfaßt, sondern ihr Mittelwert zur Aufzeichnung gebracht. Bei sprunghaften Änderungen der Taupunkttemperatur, die nur selten beobachtet wurde, tritt eine zeitliche Verzögerung in der Anzeige des Endwertes ein, die bei einer Terminbeobachtung im konventionellen Sinne (ein Beobachtungswert gleich Meßergebnis) zu Meßfehlern Veranlassung gibt, die die Meßgenauigkeit im Einzelfall überschreitet. Entsprechen die Meßbedingungen der Leistung des Taupunktfühlers, wird die Meßgenauigkeit im wesentlichen beeinflußt durch Wärmeverlust an die Umgebung. Dieser Wärmeverlust ist eine Funktion der Übertemperatur des Systems gegenüber der Lufttemperatur. Da sich die Gleichgewichtstemperatur des Lithiumchlorids bei geringer Luftfeuchte der Lufttemperatur immer mehr nähert, wodurch schließlich die untere Grenze der Meßmöglichkeit mit diesem Gerät bestimmt wird, ist der Wärmeverlust unterschiedlich, mit abnehmender Luftfeuchte geringer werdend. Mit dem für diese Dokumentation verwendeten Meßsystem „Feutron“ ist aus diesem Grunde die Gerätegenauigkeit auf ± 0,4 grd begrenzt, wenn man über einen Feuchtebereich von etwa 20% bis 100% relativer Luftfeuchte mißt. So wurden neben Meßreihen, die bereits bei Erprobungsmessungen im Instrumentenamt des MD der DDR gewonnen wurden, die Abnahme des Wärmeverlustes mit abnehmender relativer Luftfeuchte auch an solchen, die im praktischen Stationsbetrieb erhalten wurden, mit den gleichen Beträgen wiedergefunden. Es wurde an einer Meßreihe, die von November 1968 bis Oktober 1969 an der Flugwetterwarte Schönefeld durchgeführt wurde, folgende in Tabelle 1 zusammengestellten Ergebnisse erzielt.

Aus Tabelle 1 ist zu entnehmen, daß der im MD verwendete Feuchtefühler einen mittleren Wärmeverlust von 1,1 grd aufweist. Eine weitere Verbesserung scheint uns durch die gezeigte Änderung der Gleichgewichts-

Tabelle 1. *Änderung der Anzeigegenauigkeit des Lithiumchloridfühlers „Feutron" in Abhängigkeit von der Gleichgewichtstemperatur nach Werten der relativen Luftfeuchte (RF). (Vergleichswerte Psychrometer Station Schönefeld)*

RF	21–30	31–40	41–50	51–60	61–70	71–80	81–90	91–100	Mittel
$\Delta\tau$	−0,5	−0,7	−1,1	−1,1	−1,1	−1,1	−1,2	−1,3	− 1,23
n	22	66	138	192	284	407	717	954	2780

n = Anzahl der Fälle
RF in %
$\Delta\tau$ in grd

temperatur in Abhängigkeit von der relativen Luftfeuchte ohne wesentliche konstruktive Veränderungen, die die jetzige Einfachheit des Meßsystems in jedem Fall ausschließen, nicht möglich zu sein.

Wie Tabelle 1 erkennen läßt, arbeitet das hier benutzte Feuchtemeßsystem ab 40% relativer Luftfeuchte bis 80% mit gleichbleibendem Wärmeverlust von 1,1 grd. Die leichte Zunahme dieses Wertes ab 80% relativer Luftfeuchte könnte neben dem Wärmeverlust noch andere Ursachen haben, ist aber wegen des geringen Betrages für die Routinemeßtechnik nicht kritisch. Da die Häufigkeit des Auftretens geringer Werte der relativen Feuchte (Kleiner 30%) unterhalb von 10% liegt, kann wohl auch die zu hohe Anzeige von etwa 0,6 grd Taupunkttemperatur in Kauf genommen werden.

An der meteorologischen Station Grünow wurde ein Taupunktfühler an eine Automatische Temperaturfernmeßanlage angeschlossen. Zu den Klimaterminen 07 und 13 Uhr wurden Vergleichsmessungen in der konventionellen Form ausgeführt. So wurde vom 1. 5. 1969 bis 25. 9. 1969 ein Kollektiv von 248 Fällen zur Bearbeitung gewonnen. Die Abstimmung des Feuchtefühlers erfolgte hierbei so, daß die bereits erörterte und in Tabelle 1 ersichtliche Fehlanzeige von – 1,1 grd nicht in Erscheinung trat, d. h. die Anlage wurde um diesen Betrag verstimmt. Es sollte damit untersucht werden, welche Leistung erreicht werden kann, ohne zusätzlich Korrekturen am Meßwert anbringen zu müssen. Tabelle 2 stellt das erhaltene Ergebnis dar, ohne dabei eine besondere Betrachtung der Taupunkttemperatur in Abhängigkeit von der relativen Luftfeuchte vorzunehmen.

Tabelle 2. *Vergleichsmessungen der Taupunkttemperatur an der meteorologischen Station Grünow von Mai bis September 1969 (konventionell und mit LiCl Fühler) Häufigkeitsverteilung der Abweichungen (konventionell minus LiCl)*

Abweichung	±0,3	±0,5	±1,0	>1,0
Anzahl der Fälle	154	199	237	10
Prozent	62	80	96	4

Als mittlere Abweichung wurde +0,02 grd ermittelt.

Die in Grünow erhaltenen Ergebnisse, die erstmals aus Messungen im normalen Routinedienst abgeleitet werden konnten, unterscheiden sich nicht von früheren Arbeiten, die lediglich zu Erprobungszwecken ausgeführt wurden.

Die Beobachtungsreihe der Flugwetterwarte Schönefeld, die den Zeitraum vom 1. 11. 1968 bis 31. 1. 1969 umfaßt und aus 3stündigen Messungen (konventionell und LiCl-Fühler) besteht, gestattet eine weitgehendere Diskussion der Ergebnisse als die von Grünow. In Tabelle 1 wurde bereits die Änderung der Anzeigegenauigkeit für die einzelnen Feuchteklassen mitgeteilt. Tabelle 3 teilt die Ergebnisse der gleichen Beobachtungsreihe für die in Temperaturklassen eingeteilten Werte mit.

Tabelle 3. *Änderung der Anzeigegenauigkeit des Lithiumchloridfühlers „Feutron" in Abhängigkeit von der Gleichgewichtstemperatur (Vergleichswerte Psychrometer konventionell) nach Messungen an der Station Schönefeld 1968/1969*

Taupunkttemperatur	−19,9 bis −15,0	−14,9 bis −10,0	−9,9 bis −5,0	−4,9 bis 0,0
$\Delta\tau$	−0,6	−1,1	−1,2	−1,3
n	10	73	270	545

Taupunkttemperatur (Forts.)	0,1 bis 5,0	5,1 bis 10,0	10,1 bis 15,0	15,1 bis 20,0	Mittel
$\Delta\tau$	−1,3	−1,2	−1,4	−1,4	−1,3
n	461	687	614	122	2782

n = Anzahl der Fälle
$\Delta\tau$ in grd

Die Änderung der Anzeige des LiCl-Fühlers über den Temperaturbereich von — 15 °C bis 20 °C liegt hier bei 0,3 grd, also wesentlich niedriger als bei den in Tabelle 1 mitgeteilten Werten, die auf den Einfluß der Luftfeuchte bezogen waren. Unter –15 °C wird die Taupunkttemperaturbestimmung sprunghaft unsicher. Man muß dabei jedoch beachten, daß die Messung des Dampfdruckes bei diesen Temperaturen mittels Psychrometer im Routineeinsatz wenig zuverlässig ist, da die Bestimmung der Temperaturen (trocken und feucht) bzw. die psychrometrische Differenz nicht genauer als auf $\pm$ 0,1 grd bestimmt werden kann. Abbildung 1 zeigt die abnehmende Meßgenauigkeit eines Psychrometers mit abnehmender Lufttemperatur. Gleichzeitig tritt bei — 15 °C

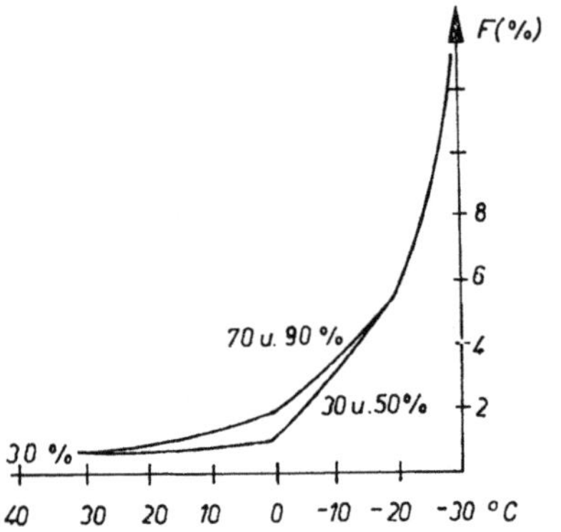

Abb. 1. Meßgenauigkeit der relativen Luftfeuchte durch ein Aspirationspsychrometer bei einer maximal zu erreichenden Meßgenauigkeit von $t - t_f$ auf $\pm$ 0,1 °C

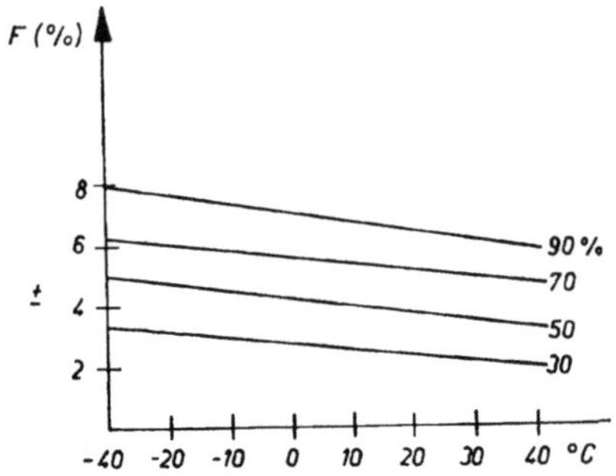

Abb. 2. Die Bestimmung der Meßgenauigkeit der relativen Luftfeuchte bei einer Meßgenauigkeit eines LiCl-Taupunktfühlers von $\pm$ 1°C

möglicherweise auch eine Hydratänderung des LiCl ein, die in der Meßpraxis von anderen Autoren nicht bestätigt wurde. Es gibt noch weitere Gründe, die aber erst nach eingehenderen Laboruntersuchungen geklärt werden könnten. Eine Begründung für die Änderung der Anzeigegenauigkeit mit zunehmenden negativen Werten bei zunehmender Taupunkttemperatur könnte ähnlich wie die Zunahme der Luftfeuchte aus den höheren Werten der Gleichgewichtstemperatur abgeleitet werden (s. Tabelle 4).

Faßt man die experimentell erhaltene Meßunsicherheit des LiCl-Fühlers der Firma „Feutron" zusammen, so ist über einen Bereich von — 15 °C bis 20 °C der zufällige Fehler mit $\pm$ 0,6 grd anzusetzen. Für Werte der relativen Luftfeuchte unter 70% wäre damit den bisher in der meteorologischen Routinemeßpraxis geforderten $\pm$ 3% Meßgenauigkeit völlig Genüge getan, bei höheren Werten der Luftfeuchte würde die Meßgenauigkeit auf $\pm$ 5% absinken (Beachte aber Tabelle 5). Abb. 2. stellt die Meßgenauigkeit eines LiCl-Fühlers in % der relativen Luftfeuchte für $\pm$ 1 grd Taupunkttemperatur dar.

Obgleich ausreichend hochwertige Meßgeräte mit variablen Meßbereichen auf dem Markt zur Verfügung stehen, hat es sich eingebürgert, den Meßbereich des LiCl-Fühlers an die übliche Temperaturskala unseres Klimagebietes anzupassen. Dieser Meßbereich beträgt –30 °C bis 40 °C, automatische Meßanlagen nehmen —40 °C bis 60 °C auf. Diese Bereiche sind für den LiCl-Fühler im positiven Bereich nicht ausreichend. Es werden Anpassungsschaltungen verwendet, die für eine minimale Abweichung von der üblichen Temperaturskala des Meßgerätes berechnet sind. Tabelle 4 zeigt die entsprechenden Daten.

Tabelle 4. *Abweichung der Anzeige eines LiCl-Fühlers durch Verwendung einer Anpassungsschaltung im Bereich –20 °C bis 20 °C*

τ	τ_{LiCl}	R_τ	τ_R
—20,0	8,4	92,13	—20,0
—15,0	15,4	94,14	—14,9
—10,0	22,4	96,16	— 9,8
— 5,0	29,4	98,18	— 4,7
0,0	36,4	100,09	0,2
5,0	43,4	102,00	5,1
10,0	50,4	103,94	10,1
15,0	57,4	105,82	14,9
20,0	64,4	107,74	19,9

τ = Taupunkttemperatur
τ_{LiCl} = Gleichgewichtstemperatur
τ_R = Anzeige der Taupunkttemperatur durch Verwendung einer Anpassungsschaltung auf der Grundlage von R_τ [Ω] für P_t 100

Abschließend wurde untersucht, wie der abgeschätzte zufällige Fehler von $\pm 0{,}6$ grd in der Routinepraxis eingehalten wird. Für die einzelnen Klassen der relativen Feuchte wurden aus Stichproben von 20 bis 50 Werten für die einzelnen Monate des Jahres (um eine Aussage über einen möglichst großen Bereich zu erhalten, wurden vereinzelt auch 20 Werte als Stichprobe zugelassen) die zufälligen Fehler der Einzelbeobachtung Δa berechnet. Die Ergebnisse sind in Tabelle 5 zusammengestellt.

Tabelle 5. *Der zufällige Fehler Δa der Einzelbeobachtung des Meßwertes der Taupunkttemperatur des LiCl-Fühlers berechnet aus den Ergebnissen der Beobachtungsreihe der Station Schönefeld 1968/1969 (konventionell minus LiCl-Fühler)*

relative Luftfeuchte [%]	41—50	51—60	61—70	71—80	81—90	91—100	Mittel
Δ a	±0,49	±0,50	±0,46	±0,45	±0,43	±0,37	±0,43
n	132	187	274	402	571	577	2143

n = Anzahl der Beobachtungen

Diese Ergebnisse wurden aus Terminvergleichsbeobachtungen abgeleitet, die zeitlich nacheinander gewonnen wurden. Wenn man als günstigsten Abstand 2 Minuten annimmt, so können schon Nachregelungen des LiCl-Fühlers eingetreten sein, die tagsüber bei ausreichender thermischer Unruhe in der bodennahen Luftschicht ins Gewicht fallen. Besonders wichtig ist die Abnahme der Streuung der Meßergebnisse bei hohen Werten der relativen Luftfeuchte. Dadurch wird auch in diesem Bereich die Meßgenauigkeit in der Praxis nicht wesentlich abgesenkt (Vergleiche Abb. 1).

Inzwischen wurden weitere Verbesserungen dieses Meßprinzips bekannt. Dabei werden hohe Meßgenauigkeiten angegeben. Diese komplizierteren Anlagen sollten erprobt werden, um einen Einblick zu erhalten, welche Möglichkeit ein aufwendigeres Gerät hinsichtlich der in der Routinepraxis erreichbaren Meßgenauigkeit wirklich gibt, wie sich Ausfallquote, Wartungsaufwand und erforderliche Qualifikation zur Bedienung des Gerätes unter ökonomischen und meteorologischen Erfordernissen gegenüber der Einfachheit und Zuverlässigkeit des hier behandelten Gerätes gestalten.

Anschrift: Dr. H. Henning, Meteorologischer Dienst der DDR, Instrumentenamt, 15 Potsdam, Michendorfer Chaussee 23

551.508.824
551.508.71

Датчик влажности воздуха с подогревным электролитическим чувствительным элементом

В. А. Усольцев

Zusammenfassung: Es wird eine Beschreibung der Prinzipien der Funktion beheizter elektrolytischer Sensoren für die Bestimmung der Luftfeuchte gegeben. Das System eines elektrolytischen Feuchte-Sensors, der für automatische meteorologische Stationen benutzt werden kann, wird beschrieben. Außerdem werden die mit diesem Sensor-Typ in der Arbeit gemachten Erfahrungen erörtert.

Summary: A description is given of the basic principles of operation of heated electrolytical sensors for the determination of atmospheric humidity. The system of an electrolytical humidity sensor, which can be used for automatic meteorological stations is described. Comments are added on the experiences made in operating this type of sensor.

Резюме: Описание принципов работы подогретых электролитических чувствительных элементов для определения влажности воздуха. Описывается система электролитического чувствительного элемента, предназначенного для автоматических метеорологических станций. Наряду с этим обсуждается опыт, накопленный при работе этим типом чувствительного элемента.

Для измерения влажности воздуха на метеорологических станциях до настоящего времени в качестве основного прибора применяется станционный психрометр.

Этот прибор не позволяет производить измерения с необходимой точностью. Для измерения влажности при отрицательных температурах (ниже — 5°) он непригоден. Поэтому на станциях устанавливается также волосной гигрометр, который является единственным прибором для определения влажности воздуха в зимнее время. Однако волосной гитрометр, как и все деформационные чувствительные элементы влажности, не обладает необходимой стабильностью и точностью. Наиболее совершенным является аспирационный психрометр, применяемый главным образом в качестве эталонного прибора при поверке гигрометров. Но и этот прибор имеет недопустимо большие погрешности при измерениях влажности в области отрицательных температур (ниже — 10°).

В настоящее время, в связи с разработкой дистанционных и автоматических информационно-измерительных метеорологических устройств, что диктуется необходимостью внедрения автоматических измерений, к датчикам влажности предъявляются дополнительные требования.

Датчики влажности не только должны удовлетворять современным требованиям по точности, но они также должны быть рассчитаны на длительную безнадзорную работу при наличии загрязнения в атмосфере, должны быть взаимозаменяемыми, должны иметь единую стандартную градуировку, должны содержать минимальное количество движущихся частей и должны иметь выход, согласующийся со входом автоматических информационно-измерительных устройств.

Все это — невозможность удовлетворения требований по точности при применении известных гигрометров и появление новых требований в связи с автоматизацией наблюдений, — создает серьезные трудности при разработке новых метеорологических датчиков влажности и обуславливает необходимость изыскания других более перспективных способов измерения влажности воздуха.

Одним из таких способов является термоэлектролитический метод [1]. Гигрометры этого метода могут быть подразделены на две группы:

а) приборы с использованием кристаллов соли;

б) приборы с использованием насыщенного раствора соли.

В настоящее время наиболее распространенными являются гигрометры второй группы с применением подогревного электролитического чувствительного элемента.

Подогревные электролитические чувствительные элементы [2, 3] в силу своих положительных качеств широко применяются в промышленности для измерения влажности газов. В последнее время эти чувствительные элементы в некоторых странах стали применяться также для метеорологических измерений.

Применение подогревных электролитических чувствительных элементов для метеорологических измерений сдерживалось из-за непригодности их в зимнее время. Этот серьезный недостаток, ограничивающий нижний предел измерения влажности, как известно, обусловлен склонностью к образованию высших кристаллогидратов. При использовании для пропитки чувствительного элемента хлористого лития нижний предел наступает при переходе кристаллогидрата $LiCl \cdot H_2O$ в соединение $LiCl \cdot 2\,H_2O$. Этому изменению кристаллогидратного состояния соли соответствует значение точки росы, равное —10°. Однако соединение $LiCl \cdot H_2O$ по сравнению с высшим кристаллогидратом является более устойчивым. Поэтому присоединение второй молекулы воды обычно наблюдается при более низких значениях влажности воздуха. Например, при метеорологических измерениях нормальная работа чувствительного элемента наблюдалась при понижении точки росы до $-18 - -23°$ [4, 5].

Самопроизвольный переход чувствительного элемента на работу над другим видом кристаллогидрата вызывает не только неопределенность показаний гигрометра, но и сопровождается нарушением равновесной температуры чувствительного элемента на определенный промежуток времени. В течение этого времени показания прибора могут весьма значительно отличаться от истинного значения влажности.

Явления, связанные с изменением кристаллогидратного состояния соли на чувствительном элементе, можно объяснить [6] используя принцип Ле-Шателье, рассматривая кристаллогидраты как химические соединения молекул соли с молекулами воды. Например, если на поверхности чувствительного элемента соль находится в виде соединения $LiCl \cdot H_2O$ и если температура точки росы ниже $-10°$, то согласно принципу Ле-Шателье, для сдвига реакции в сторону образования высшего кристаллогидрата необходимо понижение температуры, т. к. присоединение молекул воды сопровождается выделением тепла. Очевидно, что как только температура какого-то участка стекловолокна окажется ниже равновесной, так в этом месте, согласно принципу Ле-Шателье, становится вероятным образование высшего кристаллогидрата. При образовании же из $LiCl \cdot H_2O$ пусть даже самого незначительного количества соединения $LiCl \cdot 2\,H_2O$ концентрация соли возрастает и электропроводность этого участка уменьшится. Это вызовет дальнейшее понижение температуры и, согласно принципу Ле-Шателье, будет наблюдаться еще более сильный сдвиг реакции в сторону образования высших кристаллогидратов с поглощением влаги из раствора. Начнется лавинообразный процесс до полного перехода $LiCl \cdot H_2O$ в соединение $LiCl \cdot 2\,H_2O$.

Следовательно, причиной, обуславливающей образование высших кристаллогидратов, являются факторы, которые вызывают локальные понижения температуры стекловолокна. Такими факторами могут быть турбулентность влажного воздуха, неоднородность пропитки чувствительного элемента, сильная тепловая связь чувствительной части с цоколем термометра и т. д.

Отсюда следует, что чем меньше по размерам будет чувствительный элемент и чем меньше будут потери тепла за счет оттока его цоколю термометра, тем легче можно избежать локальных переохлаждений отдельных участков стекловолокна и тем более устойчиво будет работать чувствительный элемент при низких температурах. Этот вывод подтверждается тем фактом, что малогабаритный чувствительный элемент в лабораторных условиях удается градуировать относительно одногидратной кривой до весьма низких значений точки росы при соответствующих низких значениях температуры воздуха.

Вторым важным следствием является то, что образование высших кристаллогидратов можно предотвратить, если при включении чувствительного элемента к нему во все возрастающем количестве подводить тепло. Это может быть осуществлено в датчике, в котором чувствительный элемент до начала измерений находится в осушенном воздухе, а во время измерения, после подачи напряжения на электроды, чувствительный элемент помещается в иследуемый воздух, влажность которого выше влажности осушенного воздуха.

Указанные два фактора – применение сравнительно малогабаритного подогревного электролитического чувствительного элемента и использование специального режима включения чувствительного элемента – положены в основу нового датчика влажности [7]. разработанного для автоматических информационно-измерительных метеорологических станций.

Этот датчик предназначен для измерений точки росы в диапазоне от -43 до $35°$ при температуре окружающего воздуха от -30 до $50°$. Чувствительный элемент в промежутках времени между замерами находится в воздухе, осушенном с помощью сорбента, а при производстве замеров чувствительный элемент обдувается исследуемым воздухом и принимает равновесную температуру, соответствующую значению измеряемой влажности воздуха.

Датчик устроен следующим образом (рис. 1). Чувствительный элемент 1 располагается в измерительной камере, через которую исследуемый воздух может протягиваться с определенной скоростью с помощью вентилятора 2. Измерительная камера через отверстие 3 сообщается с герметически плотным бачком 4, соедржащим влагопоглощающее вещество – цеолит. Концы входного патрубка измерительной камеры и выходного патрубка вентилятора, а также отверстие 3 измерительной камеры перекрываются с помощью клапанов, которые приводятся в действие исполнительными устройствами 5, 6.

Клапаны защищены от крупной пыли, песка и снега пластинчатыми фильтрами 7. Для предотвращения чрезмерного загрязнения чувствительного элемента воздух дополнительно ощищается капроновым фильтром 8. Этот фильтр, а также стенки входной части прибора обработаны гидрофобной жидкостью, что уменьшает сорбцию ими водяного пара.

Поскольку скорость реагирования чувствительного элемента на изменение влажности с понижением температуры уменьщается, в датчике установлено устройство, с помощью которого число оборотов двигателя вентилятора при понижении температуры автоматически увеличивается и скорость вентиляции чувствительного элемента повышается. Благодаря этому удается уменьшить время переходного процесса при температуре $-30°$ до 10 мин.

Для повышения надежности датчика испольнительные устройства, т. е. электромагниты, с помощью которых перекрываются клапаны, температурное реле, электрический монтаж и элементы, входящие в цепь подогревания чувствительного элемента, размещены внутри датчика в атмосфере практически сухого воздуха. Электродвигатель вентилятора (двухфазный, индукционный) так же имеет надежную защиту от действия атмосферного влажного воздуха.

Последовательность операций при включении датчика следующая. За 14 мин. до начала измерения влажности включаются питание двигателя вентилятора и цепь подогревания чувствительного элемента. Одновременно с помощью исполнительных устройств 5, 6 полость измерительной камеры сообщается с атмосферным воздухом, а отверстие 3 перекрывается. Атмосферный воздух начинает циркулировать через полость измерительной камеры и чувствительный элемент приходит в равновесное состояние.

По истечении 14 мин. с помощью вторичного прибора производится измерение величины сопротивления термометра, т. е. выполняется отсчет значения влажности.

После выполнения отсчета с помощью исполнительных устройств клапаны датчика возвращаются в исходное состояние. Полость измерительной камеры оказывается изолированной от атмосферного воздуха, но сообщенной с полостью бачка, содержащим цеолит. В течение 1 мин. производится продувка измерительной камеры сухим воздухом. При этом сухой воздух поступает в измерительную камеру через отверстие 3 и под действием вентилятора, через трубку 9 сравнительно небольшого диаметра, возвращается в бачек с цеолитом.

После продувки измерительной камеры сухим воздухом питание датчика полностью выключается. Поскольку вся система герметична, то влажность воздуха, находящегося в измерительной камере и сообщающегося с влагопоглотительным веществом, будет низкой, и чувствительный элемент может находиться в выключенном состоянии длительное время без потери своей работоспособности.

Расход электроэнергии на одно измерение, продолжительностью 15 мин., составляет в среднем 0,8 вт. ч. на подогревание чувствительного элемента и 1,3 вт. ч. на приведение в действие двигателя вентилятора и исполнительных устройств перекрытия клапанов.

Общий вид датчика представлен на рис 2. Датчик расчитан на периодические измерения влажности атмосферного воздуха через трехчасовые или более короткие промежутки времени. При измерениях точки росы до $-15°$ он может эксплуатироваться в режиме непрерывного включения с регистрацией значений точки росы с помощью самопишущего прибора.

Для эксплуатации датчик устанавливается в специальную защитную метеорологическую будку, которая не требует ее чистки от снега или песка.

При испытаниях в термокамере датчиков, построенных по обычной схеме с использованием подогревного электролитического чувствительного элемента и защитного кожуха, т. е. по схеме, применяемой за рубежом, при температурах точки росы ниже $-12°$ довольно часто наблюдались явления, связанные с изменением кристаллогидратного состояния хлористого лития, при этом показания датчика значительно искажались. Совершенно другие результаты были получены при испытаниях в этой же термокамере датчика, построенного по описанной выше схеме. В диапазоне точки росы до $-40°$ не наблюдалось ни одного случая, когда бы показания датчика после окончания переходного процесса были искажены вследствие изменения кристаллогидратного состояния соли [6].

При применении нового датчика в значительной степени устраняются недостатки, свойственные подогревному электролитическому чувствительному элементу, а именно:

– расширяются пределы измерения влажности в сторону низких её значений;

– предотвращается порча чувствительного элемента от конденсации на его поверхности водяного пара после выключения питания прибора;

– за счет периодической работы чувствительного элемента значительно увеличивается срок безнадзорной работы датчика без возобновления пропитки чувствительного элемента;

– за зчет увеличения, при понижении температуры, скорости вентиляции чувствительного элемента уменьшается время переходного процесса при низких значениях температуры воздуха.

Кроме этого, создается весьма эффективная защита чувствительного элемента от действия пыли, песка, снега, дождя, ветра и других нежелательных факторов.

Погрешность латчика при относительной влажности 80% и выше не превосходит 0,5° точки росы. При влажности ниже 80% погрешность в пересчете на относительную влажность не превышает 2,5%, т. е. 0,8° точки росы при относительной влажности 50% и 1,4° точки росы при относительной влажности 25%.

Датчики взаимозаменяемы. Вес датчика не более 25 кг (без будки). Габаритные размеры составляют 335 × 405 × 520 мм.

По основным показателям – пределу измерения, точности и продолжительности безнадзорной работы – новый датчик превосходит известные приборы аналогичного назначения с использованием подогревных электролитических чувствительных элементов.

Литература

[1] *Усольцев, В. А.*, Измерение влажноти воздуха. Гидрометеоиздат. Л. 1959.

[2] *Hickes, N. E.*, Humidity Measurement by a New System. Refrigerating Engineering. Vol. 54. N 4 1947,

[3] *Берлинер, М. А.*, Электрические измерения, автоматический контроль и регулирование влажности. Энергия, М–Л., 1965.

[4] *Hedlin, C. P.*, and *Trofimenkoff F. N.*, A Investigation of the Accuracy and Response Rate of a Litium Chloride Heated Electrical Hygrometer. Humidity and Moisture, Vol 1, New York, p. 627-634,

[5] *Nelson, D. E.*, *Amdur E. J.*, The Mode of Operation of Saturation Temperature Hygrometers Based an Electrical Detection of a Salt-Solution Phase Transmission. Humidity and Moisture, Vol 1. New York, p. 617-626. 1965.

[6] *Усольцев, В. А.*, Датчик влажности с подогревным электролитическим чувствительным элементом. труды НИИ ГМП, вып. 18, Гидрометеоиздат, М. 1967.

[7] *Усольцев, В. А.*, Датчик влажности газов. Авторское свидетельство № 187363 с приоритетом от 3. августа 1964 г.

Anschrift: V. A. Usol'cev, Hauptverwaltung des Hydrometeorologischen Dienstes der UdSSR, Moskau D 376, Pavlik-Morosov-Str. 12

551.508.824
551.508.77

Ein Meßwertgeber für Regenmenge und Regendauer

Von St. Klemm

Mit 3 Abbildungen

Zusammenfassung: Für einen Geber zur Erfassung der Regenmenge für die Automatische Fernmeldende Meteorologische Station werden die Forderungen bezüglich der Meßgenauigkeit und des Meßbereiches mit 50jährigen Regenintensitäten bzw. relativen Regenhäufigkeiten von Potsdam verglichen. Die Unbrauchbarkeit der Kippwaage wegen des zu großen Meßfehlers, besonders bei hohen Regenintensitäten, wird dargelegt. Zwei neu entwickelte Varianten von Regenmengengebern RI 01 und RI 20 werden beschrieben und deren Meßgenauigkeiten miteinander verglichen. Der Geber RI 01 zeigt bis zu einer Regenintensität von 2,5 mm/min praktisch keinen Meßfehler, an der Obergrenze des geforderten Meßbereiches bei 7 mm/min Regenintensität einen Meßfehler von 7%. Die Meßgenauigkeit liegt daher für den gesamten Meßbereich über der von der RGUMIIP geforderten. Zum Abschluß wird ein neuer Geber zur Erfassung der Regendauer RD 4 für die Automatische Fernmeldende Meteorologische Station beschrieben.

Summary: The requirements for the measuring accuracy of a sensor for the determination of the amount of rainfall by an automatic remote-transmitting meteorological station (ARTMS) are compared with 50-year Potsdam rainfall intensity records and relative rainfall frequencies. The uselessness of the shuttle, which is due to the rather large measuring error, particularly occurring with high rainfall intensities, is shown. Two newly developed versions of RI-01 and RI-02 type sensors for measuring rainfall amounts are described, their measuring accuracies being compared. The RI-01 sensor shows practically no measurings error with rainfall intensities up to 2.5 mm/min, while at the upper limit of the required measuring range (at 7 mm/min rainfall intensity) the measuring accuracy is above the one required by the RGUMIIP. A new sensor (type RD-4) for the determination of rainfall duration by the ARTMS is described.

Резюме: Для одного датчика для учета количества дождя для автоматической телесигнализующей метеорологической станции требования относительно точности и диапазона измерений сравниваются с интенсивностями и относительными повторяемостями дождя в Потсдаме за 50-летний период. Излагаются непригодности опрокидывающихся весов, вызванные слишком большей погрешностью измерений, особенно при высоких интенсивностях дождя. Описываются два новоразработанных варианта датчиков количества дождя RI 01 и RI 20 и сравниваются их точности измерений. Датчик RI 01 до интенсивности дождя 2,5 мм/мин, практически не имеет погрешности измерений, на верхнем пределе требуемого диапазона измерений, при интенсивности дождя 7 мм/мин, он имеет погрешность измерений 7%. Так во всем диапазоне измерений точность измерений выше требуемой со стороны БУМИИП.

В заключении описывается новый датчик для учета продолжительности дождя RD 4 для автоматической телесигнализующей метеорологической станции.

Vor einer engeren Auswahl von möglichen Varianten von Meßwertgebern für die Regenmenge und die Regendauer wurden neben einer Literaturdurchsicht und der Überprüfung der Verwendungsmöglichkeit von bisher vorhandenen Gebern grundsätzliche Untersuchungen bzw. Überlegungen über die erforderliche Meßleistung bei Berücksichtigung der geforderten Meßbereiche und Meßgenauigkeiten angestellt.

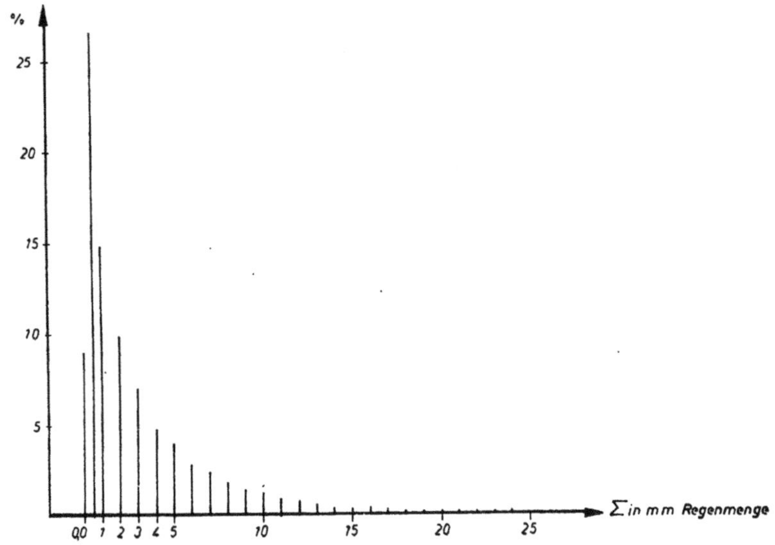

Abb. 1. Relative Häufigkeit (%) der Regenmenge in Potsdam im Zeitraum 1902–1950

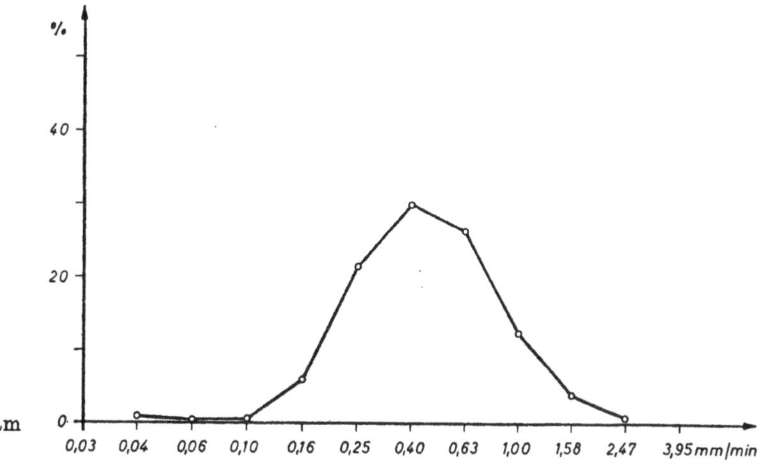

Abb. 2. Verteilung der Starkregen in Potsdam im Zeitraum 1901–1962

Nach den Empfehlungen der RGUMIIP soll die Meßgenauigkeit

$$F = \pm (0{,}2 + 0{,}05M)$$

sein, wobei M die Niederschlagsmenge bei einem Meßbereich von 0,2–7 mm/min ist.

Betrachtet man die relative Häufigkeit der Regenmenge in Potsdam für den Zeitraum 1902 bis 1950 (Abb. 1), so scheint die RGUMIIP-Empfehlung bezüglich des Meßbereichs der Regenmengengeber sehr hoch zu sein. Das Maximum der Regenmenge liegt bei 0,5 mm mit über 25%, bei 1 mm einer relativen Häufigkeit mit 15%, und über 10 mm bereits unter 1%.

Noch aufschlußreicher für die angeführten Forderungen hinsichtlich der notwendigen Leistungsfähigkeit eines Regenmengengebers ist die Verteilung der Starkregen in Potsdam für die Jahre 1901 bis 1962 in Abb. 2. Bei 30% aller Fälle wird eine Intensität von 0,4 mm/min erreicht, Intensitäten über 2,5 mm/min liegen in der Häufigkeit unter 1%. Ähnliche Ergebnisse wurden für Karlsruhe von *Zedler* festgestellt. Danach wird deutlich, daß der größte Teil aller Regenmengen von geringer Intensität bzw. geringer Ergiebigkeit ist. Regenintensitäten von 7 mm/min treten im allgemeinen nur in den Tropen und deren Randgebieten auf.

Neben den Empfehlungen der RGUMIIP standen, wie schon in meinem Vortrag über die AFMS erwähnt, folgende Forderungen bei der Auswahl bzw. Entwicklung oder Adaptierung von meteorologischen Meßwertegebern im Vordergrund:

- möglichst hohe Meßgenauigkeit bei guter Eichstabilität,
- hohe Betriebssicherheit und wartungsfreie Funktion über einen Zeitraum von mindestens 4 Wochen,
- einfache Wartungs-, Prüf- und Justiermöglichkeit,
- technisch einfacher Aufbau und einfache Handhabung beim Austausch und
- geringe Herstellungskosten.

Bei unseren Überlegungen wurden andere Probleme der Regenmessung wie Benetzungseffekte, Windeinfluß u. a. außer acht gelassen. Da kein Prüfnormal für die Genauigkeit der Regenmessung existiert, wurde nur die Gerätemeßgenauigkeit, und zwar mit Hilfe von Labormethoden mit geeigneten Pipetten bestimmt.

Alle Forderungen werden bis auf die Meßgenauigkeit in hohem Maße von den nunmehr schon seit über 200 Jahren bekannten und in der Literatur oft erörterten Prinzip der Kippwaage erfüllt. Bekanntlich werden in verschiedenen Ländern als Geber für die automatische Erfassung der Regenmenge Kippwaagen eingesetzt. So war es naheliegend, daß auch wir längere Versuche mit einer derartigen, mechanisch einwandfrei funktionierenden Kippwaage durchführten.

Die Ergebnisse zeigten eine sehr starke Abhängigkeit der Meßgenauigkeit von der Regenintensität (Abb. 3, Kurve KW). Bei 2 mm/min bringt diese Kippwaage schon einen negativen Meßfehler von 12%. Bei der geforderten Regenintensität von 7 mm/min beträgt der Fehler nahezu 50%. Der Grund für dieses starke Ansteigen des Meßfehlers bei zunehmender Regenintensität ist im Zulauf von Regenwasser in die im Kippvorgang befindliche Sammelschale zu suchen. Da wir keine Möglichkeit sahen, diesen Meßfehler wesentlich zu reduzieren, konnte unsere Absicht, dieses Prinzip für die AFMS zu verwenden, nicht weiter aufrecht erhalten werden. Angesichts des geringen Stromverbrauches, des relativ einfachen mechanischen Aufbaus, der hohen Funktionssicherheit und Wartungsfreiheit – alles positive Faktoren – ist die Kippwaage für den Dauereinsatz in unbewohnten Gebieten jedoch eine optimale Variante.

Nach der Erörterung einiger anderer Regengebervarianten, u. a. eines Tropfenzählers, der wegen nicht ausreichender Konstanz der Tropfengröße abzulehnen war, oder eines induktiven Regengebers, der die Lageänderung der Schwimmerstange beim Regenschreiber ausnutzt, dem jedoch grundsätzliche Mängel hinsichtlich des Abheberns nach 10 mm Regenmenge anhaften, wurden schließlich zwei Varianten eines Volumen- oder Dosierungsmessers mit Kontaktgabe entwickelt und im Instrumentenamt des Meteorologischen Dienstes der

DDR als Erprobungsmuster gebaut. Bei diesen Regenmeßgebern wird die Leitfähigkeit des Regenwassers als Begrenzungskennung ausgenutzt.

Bei der ersten Variante, dem Geber RI 01, wird nach Einlauf einer Regenwassermenge von 0,1 mm in einen Hohlzylinder durch einen Kontakt zwischen der Wasseroberfläche und einer justierbaren Kontaktspitze (Elektrode) die vorgegebene Regenwassermenge entleert und die Kontaktgabe gezählt. Während des Entleerungsvorganges wird die Einlaßöffnung für den Wasserzufluß gesperrt. Dadurch wird der Meßfehler sehr gering gehalten. Mit diesem Geber werden die bisher von der Kippwaage oder auch vom Regenschreiber nach *Hellmann* bekannten Meßfehler – insbesondere bei großen Regenintensitäten bzw. bei großen Regenmengen – vermieden. Allerdings werden höhere Anforderungen an die feinwerktechnische Fertigung und an die Elektronik gestellt. Kritische Fertigungspunkte sind das Entleerungsteil und die Sperrung des Wasserzuflusses während der Entleerung. Dazu mußten mehrere Labormuster und Varianten angefertigt werden, um die richtigen Passungen zu erreichen. Die Lebensdauer eines solchen Gebers ist relativ hoch, da keine kurzzeitigen Verschleißteile eingesetzt sind.

Die zweite Variante, der Regenmeßgeber RI 20, unterscheidet sich vom Regenmeßgeber RI 01 nur dadurch, daß nach jeweils 0,1 mm Regenmenge keine Entleerung, dafür ein Anheben der Kontaktspitze (bewegliche Elektrode) erfolgt. Erst nach 2 mm Regenmenge entleert dieses System. Das hat den Vorteil, daß der größte Teil aller in unserem Gebiet fallenden Regenmengen ohne eine Entleerung erfaßt wird. Auf diese Weise wird der Meßfehler bis zu großen Regenintensitäten sehr gering gehalten.

In Abb. 3 sind die Ergebnisse der labormäßigen Bestimmung der Meßgenauigkeiten der beiden Geber RI 01 und RI 20 und als Vergleich die der Kippwaage (KW) dargestellt. Die ausgezogene Kurve gibt den Meß-

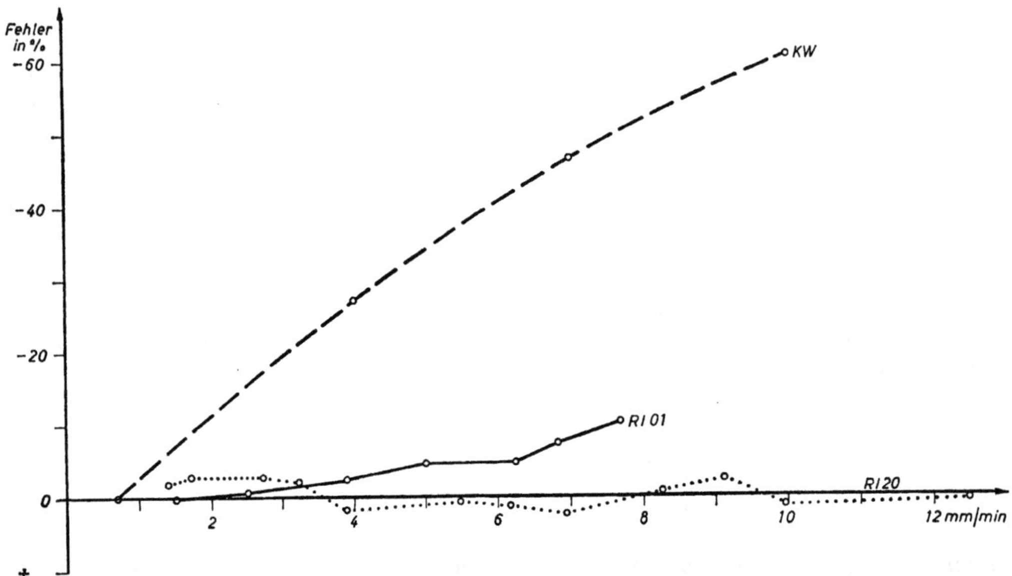

Abb. 3. Vergleich der Meßgenauigkeit zwischen den Gebern für die Regenmenge RI 01, RI 20 und der Kippwaage (KW)

fehler des Gebers RI 01, die gestrichelte Kurve den der Kippwaage und die punktierte den des Gebers RI 20 wieder.

Der Geber RI 01 zeigt bis 2,5 mm/min Regenintensität praktisch keinen Meßfehler, danach nimmt er zu und erreicht bei der geforderten maximalen Intensität von 7 mm/min einen Fehler von 7%. Das liegt noch innerhalb der geforderten Meßgenauigkeit.

Der Regenmeßgeber RI 20 zeigt bis zu einer Regenintensität von 12 mm/min eine sehr hohe Meßgenauigkeit, die allerdings bei niedrigen Intensitäten bis etwa zu 3,5 mm/min kleiner ist als beim Geber RI 01. Letzteres läßt sich bei genauer mechanischer Fertigung sicherlich vermeiden.

Beide Regenmeßgeber haben bei der Dauererprobung von Labormustern im Außeneinsatz über zwei Jahre hinweg ausreichende Funktionssicherheit gezeigt. Vor der Aufnahme der Serienproduktion mußte jedoch die Entscheidung für einen der beiden Geber fallen. Da vom Geber RI 01 die RGUMIIP-Empfehlung und alle eingangs erwähnten Forderungen voll erfüllt werden, die Meßgenauigkeit im geforderten Meßbereich völlig ausreichend und der mechanische Aufbau jedoch einfacher als beim Geber RI 20 ist, fiel die Entscheidung auf den Geber RI 01. Vom Herstellerbetrieb wurden konstruktive Veränderungen durchgeführt und die ersten Geber bereits produziert. Der Meßzylinder ist aus Piacryl (durchsichtiges Material) hergestellt, so daß eine innere Verschmutzung von außen gesehen werden kann, ohne das Gerät öffnen oder zerlegen zu müssen. Somit kann der Funktionszustand leicht überprüft werden. Macht sich eine Reinigung erforderlich, so ist diese durch jeden Beobachter mit wenigen Handgriffen ausführbar.

Neben einem leistungsfähigen Geber für die Regenmenge sollte auch ein Geber für die Regendauer in dem bekannten Regenschreibergehäuse mit einer Auffangfläche von 200 cm^2 untergebracht werden. Über Geber für die Regendauer existieren in der Literatur nur wenig Angaben. Im Prinzip eignen sich dafür die meisten Geber für die Erfassung der Regenmenge, allerdings nur für meßbare Regenmengen. Der gegenwärtig noch jeder Regenmessung anhaftende Mangel des Benetzungseffektes des Auffangtrichters stellt für die Regendauermessung, besonders für den Regenbeginn, eine beträchtliche Behinderung dar. Einheitlich wird die Benetzungsmenge mit 0,2 mm Regenhöhe angegeben. Erst danach bildet sich eine abtropfbare Regenmenge.

Der im Instrumentenamt entwickelte Geber für die Erfassung der Regendauer RD 4 besteht aus zwei gabelförmigen Pt-Elektroden. Bei Durchfall eines Regenwassertropfens wird ein Relais für maximal 4 min gezogen, so daß für jedes 4-min-Signal ein Impuls gezählt wird. Die Zahl der gemessenen Impulse wird durch die AFMS vervierfacht. Ein Tropfen innerhalb von 4 min genügt, um die Zeitmessung durchzuführen. Die mit diesem System erreichbare Meßgenauigkeit beträgt 0 bis 4 min für Regenbeginn und Regenende. Die während eines Dauerregens sich verringernde Leitfähigkeit des Regenwassers wird durch ausreichende Verstärkung des Signalstromes ausgeglichen, abgesehen davon, daß durch die Benetzung am Auffangtrichter offensichtlich genügend Elektronen frei werden, die die nötige Leitfähigkeit des Regenwassers herstellen. Die labormäßige Erprobung des Gebers für die Erfassung der Regendauer RD 4 ergab stets völlige Übereinstimmung der Zeitmessungen.

Bei der Konzipierung, Entwicklung, technischen Erprobung, dem Bau und der elektrischen Anpassung des Gebers für die Regenmenge RI 01 und der Regendauer RD 4 an die AFMS haben sich besonders die Kollegen Dr. Henning, Hillmann und Schulze ausgezeichnet.

Anschrift: Dipl.-Met. St. Klemm, Meteorologischer Dienst der DDR, Instrumentenamt, 15 Potsdam, Michendorfer Chaussee 23

551.508.824
551.508.5

Eine Schaltung zur Bestimmung der mittleren Windrichtung

Von W. Höhne

Mit 3 Abbildungen

Zusammenfassung: Es wird eine Schaltung zur exakten Bestimmung der mittleren Windrichtung über einen Zeitraum von 10 min beschrieben, die in der Meteorologischen Meßwerterfassungsanlage MME eingesetzt wird. Die Stellung der Windfahne wird fernübertragen und mit einem Umlaufpotentiometer und einer speziellen Schalteinrichtung in eine mit der Windrichtung proportional ansteigende Gleichspannung umgewandelt. Der Bereich des linearen Spannungsanstieges entspricht dabei zwei vollen Umdrehungen der Windfahne. Die Gleichspannung wird in einem Spannungs-Frequenz-Umsetzer in eine proportionale Impulsfrequenz umgesetzt, die über einen Frequenzteiler einer Zählschaltung zugeführt wird. Jeweils bei Erreichen der Zählstellung 360 wird der Zähler auf Null zurückgestellt und setzt danach die Zählung fort. Die Impulszahl, die innerhalb des Mittelungsintervalls erfaßt wird, entspricht daher der Windrichtung in Winkelgraden.

Summary: A circuit used in the meteorological data collecting system MME for the exact determination of the average wind direction over a 10-min. interval is described. The position of the wind vane is remote-transmitted and transduced to a d. c. voltage, increasing proportionally to the wind direction, by a desynn transmitter and a special switching arrangement. The range of the linear voltage rise corresponds to two full revolutions of the wind vane. The d. c. voltage is converted into a proportional pulse frequency by means of a voltage-to-frequency converter, and the pulse train is fed into a counter circuit. Each time the position 360 is reached, the counter is reset to zero, and then continues the counting. The pulse count, obtained within the averaging interval, corresponds to the wind direction in degrees.

Резюме: Данная работа представляет описание схемы для точного определения среднего направления ветра за интервал времени 10 минут, используемой в установке для сбора метеорологических данных измерений MME. Положение флюгера передается на расстояние и преобразуется с помощью потенциометра с круговым вращением и специального распределительного устройства в постоянное напряжение, пропорционально возрастающее с направлением ветра. Диапозон линейного увеличения напряжения соответствует двум полным поворотам флюгера. Постоянное напряжение преобразуется преобразователем напряжение – частота в пропорциональную частоту повторения импульсов, которая через делитель частоты передается на счетчик. При достижении счетчиком 360 он переключается на нуль и продолжает счет. Число импульсов, отсчитываемое за усредненный интервал соответствует направлению ветра в угловых градусах.

Die meteorologische Meßwerterfassungsanlage MME [1] zeichnet sich gegenüber anderen Anlagen für automatische Stationen dadurch aus, daß sie nicht allein meteorologische Größen erfaßt, sondern darüber hinaus bei bestimmten Parametern eine Meßwertverarbeitung zuläßt. Mit den entwickelten Schaltungen können Summen- und Mittelwerte sowie Extremwerte digital gebildet und die Überschreitung von Schwellenwerten erfaßt werden. Über die dabei benutzten Schaltungsprinzipien wird an anderer Stelle [3] berichtet.

Windrichtung und -geschwindigkeit gehören zu den Größen, die kurzperiodischen Schwankungen großer Amplitude unterliegen. Augenblickswerte der Windrichtung und -geschwindigkeit sind daher nur wenig aussagekräftig. Einen höheren Informationsgehalt haben Mittelwerte dieser Größen sowie der Maximalwert bei der Windgeschwindigkeit. Für die Mittelbildung wird gewöhnlich ein Zeitraum von 10 min zugrunde gelegt.

Schaltungen zur Mittelwertbildung für Signale, die in Form von Impulsfolgen oder Impulsfrequenzen vorliegen, sind bereits seit langem bekannt und werden in der Meteorologie z. B. bei der Bestimmung des Windweges in Verbindung mit Kontaktanemometern seit vielen Jahrzehnten angewandt. Bei ihrer Anwendung muß jedoch vorausgesetzt werden, daß die zu mittelnde Meßgröße nur innerhalb eines begrenzten Intervalles schwanken kann und die erzeugte Impulsfrequenz mit der Eingangsgröße in einem linearen Zusammenhang steht. Die Impulse brauchen dann nur über den Mittelungszeitraum summiert zu werden. Bei günstiger Auslegung des Impulsgebers drückt der Zahlenwert die zu mittelnde Meßgröße unmittelbar in der gewünschten Einheit aus.

Die Anwendung des Integrationsprinzips in dieser einfachen Form stößt bei der Erfassung der mittleren Windrichtung auf Schwierigkeiten, weil hier das Ende des Meßbereichs unmittelbar in den Anfang übergeht. Würde man beispielsweise die Windrichtung in eine Impulsfrequenz umsetzen, die proportional dem Winkel gegenüber der Nordrichtung zunimmt, so müßte bei Überschreitung der Nordrichtung eine Unstetigkeit auftreten. Um diese Richtung schwankende Winde würden dann zu einem völlig falschen Mittelwert führen. Ähnliche Schwierigkeiten ergeben sich auch bei der Registrierung der Windrichtung und erfordern besondere Schreiberkonstruktionen.

Wegen dieses Problems wurde bisher bei der Windrichtung meist auf eine exakte Mittelwertbildung über einen definierten Zeitraum verzichtet. Stattdessen begnügte man sich damit, die Schwankungen der Richtungsanzeige mit mechanischen oder elektrischen Mitteln zu glätten.

Bei der in der Meteorologischen Meßwerterfassungsanlage MME eingesetzten Schaltung zur Bildung der mittleren Windrichtung [4] wurde das Problem erfolgreich gelöst. Das benutzte Schaltungsprinzip wird im folgenden beschrieben und anhand des Signalflußplans der Abb. 1 verdeutlicht.

Eine Drehfeld-Nachlaufsteuerung, wie sie bereits bei der Schiffswetterstation [2] angewandt wurde, überträgt die Stellung der Windfahne zur Meßwerterfassungsanlage. Die Trägheit der Nachlaufsteuerung dämpft bereits kurzperiodische Schwankungen der Windfahne, ohne daß die Genauigkeit der Richtungsanzeige beeinflußt wird. In der Stellung der Achse des Drehmelderempfängers DM liegt somit das Signal für die Windrichtung in der Anlage vor. Die Rotationsbewegung der Drehmelderachse wird mittels eines Getriebes G im Verhältnis 4:1 untersetzt. Auf der Abtriebswelle des Getriebes befindet sich die Nockenscheibe des Steuerschalters SS, an der zwei Kontaktgeber schleifen. Diese Welle ist außerdem mit der Abgreiferwelle eines Umlaufpotentiometers UP starr gekoppelt.

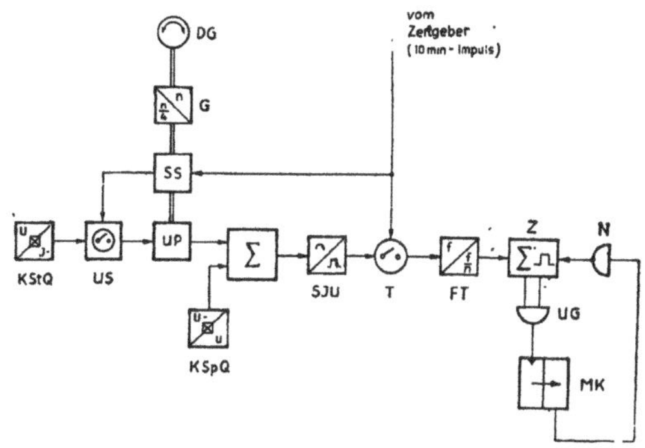

Abb. 1. Signalflußplan der Schaltung zur Bildung der mittleren Windrichtung

Der Steuerschalter hat vier Ausgänge, von denen stets nur einer den Signalwert L führt. Jeder dieser Ausgänge ist einem Winkelbereich von 90° der Nockenwelle zugeordnet, dem eine volle Umdrehung der Windfahne entspricht. Der Steuerschalter SS steuert einen doppelpoligen Umschalter US mit 4 Richtungen, über den der Speisestrom einer Konstantstromquelle KStQ dem Umlaufpotentiometer zugeführt wird.

Das Umlaufpotentiometer ist ein käufliches Präzisionsbauelement. Es besitzt eine endlose 360°-Wicklung mit 4 gegeneinander um 90° versetzten Anzapfungen. Das bewegliche Abgreifersystem besteht aus zwei Schleifern, die jeweils zwei diagonal gegenüberliegende Punkte der Potentiometerwicklung berühren. Das Umlaufpotentiometer bildet mit der Konstantstromquelle und dem Lastwiderstand R_L eine Brückenschaltung. Der Brückenstrom I_B wird an zwei diagonal gegenüberliegenden Anzapfungen eingespeist. Bezeichnet man den halben Wicklungswiderstand mit R_0, die Stellung des Abgreifersystems gegenüber der Bezugsstellung (in der sich die Schleifer über den als Stromzuführungen dienenden Anzapfungen befinden) mit α, so gilt für $0° \leqslant \alpha \leqslant 180°$ für den mit den Schleifern abgenommenen Brückendiagonalstrom I_D gemäß Abb. 2

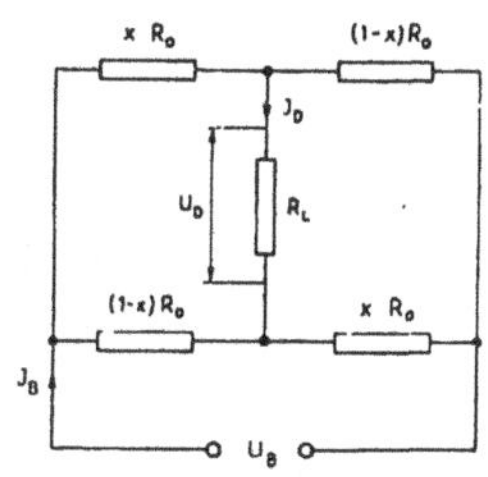

Abb. 2. Ersatzschaltbild des Umlaufpotentiometers mit Lastwiderstand (Erläuterung siehe Text)

$$I_D = I_B \frac{(2x - 1)\, R_0}{R_0 + 2R_L}, \tag{1}$$

wobei

$$x = \frac{\alpha}{180°} \tag{2}$$

und somit $0 \leqslant x \leqslant 1$ ist. Bei konstantem Brückenspeisestrom und konstanter Last sind demnach der Brückendiagonalstrom I_D und die Brückendiagonalspannung $U_D = I_D \cdot R_L$ lineare Funktionen der Schleiferstellung. Die Brückendiagonalspannung steigt von einem Wert

$$U_{D\,\min} = -\, I_B \frac{R_0 \cdot R_L}{R_0 + 2R_L} \tag{3}$$

bis zu einem Wert

$$U_{D\,\max} = +\, I_B \frac{R_0 \cdot R_L}{R_0 + 2R_L} \tag{4}$$

an. Bei einer vollen Umdrehung des Abgreifersystems um 360° ergibt sich der in der Abb. 3 gezeigte Spannungsverlauf, der sich aus einem linear ansteigenden und einem linear absinkenden Zweig zusammensetzt. Für die Zwecke

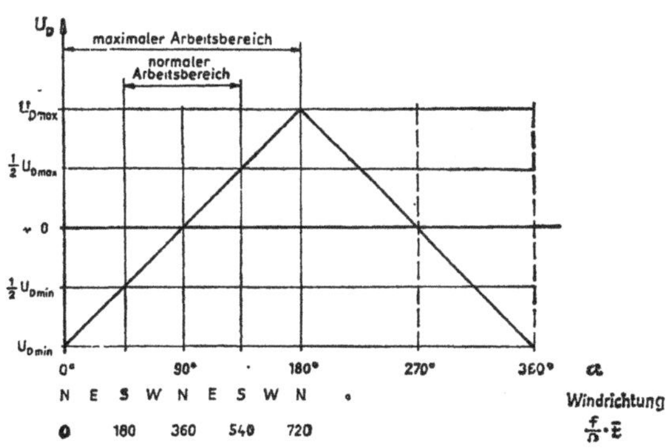

Abb. 3. Die Ausgangsspannung des Umlaufpotentiometers U_D und die Impulszahl am Ausgang des Impulsteilers $f \cdot t$ als Funktion der Abgreiferstellung

der Mittelwertbildung ist aus diesem Kurvenverlauf nur ein Zweig verwendbar, weil nur dann die Eindeutigkeit des Zusammenhangs zwischen Drehwinkel (und damit der Windrichtung) und der Ausgangsspannung des Umlaufpotentiometers gewahrt werden kann. Durch Einschaltung des Getriebes wird erreicht, daß im Bereich des linearen Anstiegs die Windrose zweimal abgebildet wird; z. B. in der Weise, daß die Nordrichtung den Ausgangsspannungen $U_{D\,\min}$, 0 und $U_{D\,\max}$ entspricht.

Als normaler Arbeitsbereich wird nur der mittlere Teil der Geraden zwischen den Spannungen $0{,}5 \cdot U_{D\,\min}$ und $0{,}5 \cdot U_{D\,\max}$ benutzt, der einer vollen Windrichtungsdrehung von Süd über West, Nord, Ost nach Süd entspricht. Aufgabe des Umschalters *US* in Verbindung mit dem Steuerschalter *SS* ist es, zu Beginn jedes Mittelungszeitraumes die der Konstantstromquelle *KStQ* zu entnehmende Brückenspeisespannung jeweils an diejenigen diagonal gegenüberliegenden Anzapfungen zu legen, für die erstens die Ausgangsspannung im oben genannten normalen Arbeitsbereich liegt und zweitens bei einer Winddrehung im Uhrzeigersinne ansteigt. Während des Mittelungsintervalles bleiben die gewählten Anzapfungen unverändert. Es erfolgt auch dann keine Umschaltung, wenn infolge einer stärkeren Windrichtungsänderung der normale Arbeitsbereich verlassen wird. Das ist auch nicht notwendig, weil sich der Wind nach jeder Seite noch um weitere 180° drehen kann, ohne daß hierdurch eine Mehrdeutigkeit entsteht (vgl. Abb. 3); denn der Spannungsanstieg ist innerhalb des maximalen Arbeitsbereiches von 2 · 360° linear.

Zur Ausgangsspannung des Umlaufpotentiometers U_D wird eine konstante Hilfsspannung $U_H = U_{D\,\max}$ addiert, die von einer Konstantspannungsquelle *KSpQ* geliefert wird. Die Summenspannung

$$U_S = U_D + U_H \tag{5}$$

wechselt demzufolge nicht mehr ihr Vorzeichen. Sie steigt von $0 \ldots 2 \cdot U_{D\,\max}$ linear an, wenn sich die Windrichtung um 2 · 360° und damit das Abgreifersystem des Umlaufpotentiometers um 180° gleichförmig dreht.

Die Summenspannung U_s wird einem Gleichspannungs-Impulsfrequenz-Umsetzer *SIU* zugeführt, der am Ausgang eine der Eingangsspannung proportionale Impulsfrequenz abgibt. Bezeichnet man die Ausgangsfrequenz bei fehlendem Brückenspeisestrom mit f_m und die Zeitdauer des Mittelungsintervalles mit $\bar{t}$, dann ist durch einen entsprechenden Abgleich der Konstantspannungsquelle zu sichern, daß die Beziehung

$$f_m \cdot \bar{t} = 360 \cdot n$$

erfüllt wird, wobei n der Untersetzungsfaktor des nachgeschalteten Frequenzteilers *FT* ist.

Zwischen dem Spannungs-Frequenz-Umsetzer und dem Frequenzteiler befindet sich eine Torschaltung *T*, die die Impulse nur während des Mittelungszeitraumes passieren läßt.

Steht bei eingeschaltetem Brückenspeisestrom das Abgreifersystem exakt im rechten Winkel zur Stellung der als Stromeinspeisung dienenden Potentiometeranzapfungen, so ist $U_D = 0$. Das Umlaufpotentiometer gibt am Ausgang die gleiche Frequenz f_m wie bei fehlendem Brückenspeisestrom ab. Vom Ausgang des Frequenzteilers werden dann innerhalb des Mittelungszeitraumes genau 360 Impulse an den Zähler *Z* geliefert.

Die Konstantstromquelle ist so abzugleichen, daß bei einer Windrichtungsdrehung von 180° im Uhrzeigersinne die Ausgangsfrequenz des Spannungs-Frequenz-Umsetzers auf den Wert $1{,}5 \cdot f_m$ ansteigt und bei einer Umdrehung um 180° entgegen dem Uhrzeigersinne auf den Wert $0{,}5 \cdot f_m$ absinkt. Vom Ausgang des Frequenzteilers werden dementsprechend im Mittelungszeitraum in den beiden Stellungen

$$\frac{1{,}5 \cdot f_m \cdot \bar{t}}{n} = 540 \quad \text{bzw.} \quad \frac{0{,}5 \cdot f_m \cdot \bar{t}}{n} = 180 \text{ Impulse}$$

an den Zähler weitergeleitet.

Der Zähler *Z* setzt sich aus drei Zähldekaden zusammen. Mittels einer Rückstellschaltung, bestehend aus einem UND-Gatter UG, einer monostabilen Kippstufe MK und einem Negator N, wird bei Erreichen der Zählstellung 360 ein Signal erzeugt, das den Zähler in seine Anfangslage 000 zurückstellt. Dadurch wird erreicht, daß der Zähler modulo 360 zählt. Die mittlere Windrichtung ist am Ende des Integrationszeitraumes unmittelbar in Winkelgraden im Zähler gespeichert und kann von dort wie alle anderen Meßwerte abgefragt werden. Dies gilt auch dann, wenn der normale Arbeitsbereich verlassen wurde, der den genannten Impulszahlen zwischen 180 und 540 (= 360 + 180) entspricht. Gefordert muß jedoch werden, daß die Stellung der Windfahne innerhalb des Mittelungszeitraumes den maximalen Arbeitsbereich gemäß Abb. 3 nicht verläßt und demzufolge um nicht mehr als 180° über die Grenzen des normalen 360°-Arbeitsbereiches hinauswandert. Mit so großen Winddrehungen ist aber bei Mittelungsintervallen von 10 min Dauer kaum zu rechnen. Die Dämpfung der Windfahne muß ausreichend sein, um auch bei starker Richtungsböigkeit ein Umlaufen sicher zu vermeiden.

Die Festlegung des Mittelungszeitraumes erfolgt durch ein Signal, das der Zeitgeber der Anlage liefert. Die Torschaltung wird jeweils für den Zeitraum von 10 min vor der vollen Stunde freigegeben. Der Beginn des Signals dient auch zur Auslösung des Schaltvorgangs im Steuerschalter. Um zu gewährleisten, daß sich das Abgreifersystem des Umlaufpotentiometers zu Beginn des Meßzeitraumes einwandfrei eingestellt hat, wird die Nachlaufsteuerung zur Fernübertragung der Stellung der Windfahne bereits 2 min vorher eingeschaltet.

Nach den bisherigen Erprobungsergebnissen arbeitet die Schaltung zur Mitteilung der Windrichtung sehr betriebssicher. Einer Abnutzung unterworfen sind nur das Umlaufpotentiometer und die Kontakte im Steuerschalter. Da die Nachlaufsteuerung die kurzperiodischen Schwankungen der Windfahne weitgehend unterdrückt und die Fernübertragung innerhalb jeder Stunde nur für 14 min eingeschaltet wird, ist ein Verschleiß des Umlaufpotentiometers erst nach längerer Betriebszeit zu erwarten. Die mechanischen Kontakte im Steuerschalter könnten, falls erforderlich, durch berührungsfrei arbeitende elektronische Schalter ersetzt werden.

Literatur

[1] *Baumgart, H.*, und *W. Höhne*, Meßwerterfassungsanlage für Klimastationen. Z. Meteor. *21*, (1969), H. 1/2, 26–30.
[2] *Höhne, W.*, Eine Windmeßanlage für Schiffswetterstationen. Z. Meteor. *14*, (1960), H. 10, 225–233.
[3] *Höhne, W.*, Meßwerterfassung und Meßwertverarbeitung in der angewandten Meteorologie, in: Beiträge zur Angewandten Meteorologie. Abhandlg. d. Meteorol. Dienstes der DDR. Nr. 100, Bd. 13.
[4] *Höhne, W.*, Schaltungsanordnung zur Bestimmung der mittleren Windrichtung, WP 66 099 vom 20. 3. 1969.

Anschrift: Dr. habil. W. Höhne, Akademie-Werkstätten für Forschungsbedarf der Deutschen Akademie der Wissenschaften zu Berlin, 1199 Berlin, Rudower Chaussee 6

551.508.824

Datenspeicher- und Abfrageeinrichtung zur MME 1

Von **K. Krüger** und **H.-F. Wehner**

Mit 1 Abbildung

Zusammenfassung: Es wird beschrieben, wie die von der Meteorologischen Meßwerterfassungsanlage MME 1 erfaßten Werte mittels Fernschreiber auf Abruf zu einer Zentralstelle übertragen werden. Anschließend werden einige Möglichkeiten einer Weiterentwicklung kurz erörtert.

Summary: The authors give a description of how data obtained by the Automatic remote-transmitting Meteorological Station (Type MME-1) is transmitted on interrogation to a forecasting centre. Some aspects of further development are considered.

Резюме: Описание телетайпной передачи в центр данных, собранных установкой для сбора метеорологических данных измерений MME I после их опроса. Короткое обсуждение нескольких возможностей усовершенствования.

Die im Meteorologischen Dienst der DDR eingesetzte Meteorologische Meßwerterfassungsanlage MME 1 war zunächst als automatische Klimastation konzipiert worden, und erst später entstand der Gedanke, ihren Einsatzbereich durch Verwendung als meteorologische Station zu erweitern. Während jedoch im Klimadienst eine sofortige Weitervermittlung von Meßwerten meist nicht erforderlich ist, kommt es im Wetterdienst gerade darauf an, daß die Daten möglichst unmittelbar nach ihrer Erfassung an einer Zentralstelle zur Verfügung stehen. Entsprechend ihrer ursprünglichen Bestimmung war eine solche Möglichkeit bei der Anlage MME 1 aber nicht gegeben, bzw. nur unter der speziellen Voraussetzung, daß zwischen Station und Zentralstelle eine Standleitung existierte. Um trotzdem eine Sendung stündlicher Terminwerte durchführen zu können, mußte deshalb auf öffentliche Nachrichtenübertragungswege zurückgegriffen werden. Von diesen kommt bis auf weiteres nur das Fernschreibnetz der Deutschen Post in Frage. Günstig dabei ist, daß die MME 1 die Meßwerte bereits im Fernschreibcode verschlüsselt ausgibt.

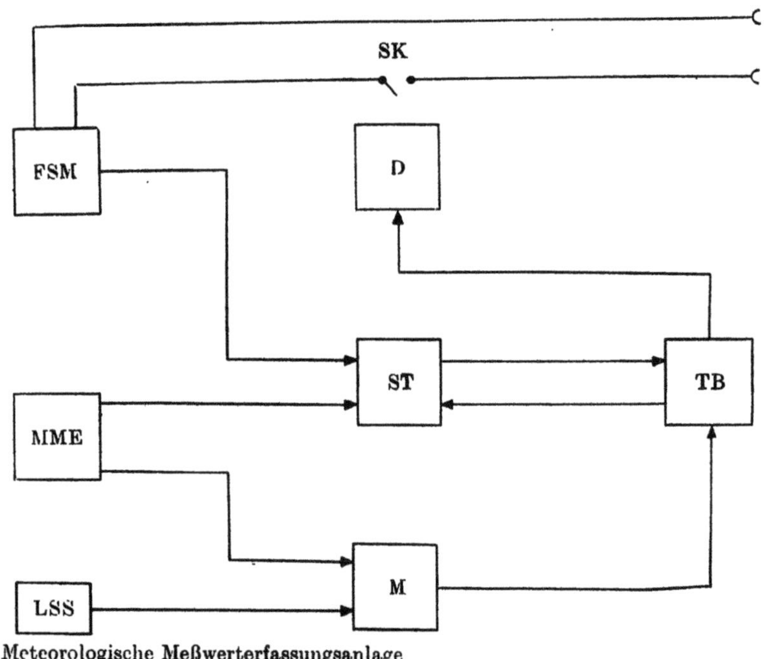

MME Meteorologische Meßwerterfassungsanlage
LSS Lochstreifensender
FSM Fernschreibmaschine
ST Steuerteil
M Modulator
D Demodulator
TB Tonbandgerät
SK Sendekontakt

Abb. 1. Datenspeicher- und Abfrageeinrichtung (Wirkschaltplan)

Die Frage, ob Abruf oder selbständige Meldung der Station wurde bei der im MD eingesetzten Meßwerterfassungsanlage vorerst zugunsten des Abrufs entschieden. Die von der Anlage gelieferten Meßwerte werden zunächst gespeichert und können dann abgefragt werden.

Die Notwendigkeit eines Speichers ergibt sich daraus, daß die Station ihre Meldungen zu feststehenden Terminen abgibt, daß zu diesen Zeitpunkten aber durchaus keine Verbindung zur Zentralstelle zu bestehen braucht, diese vielmehr von der Belegung der Leitungen durch andere Teilnehmer abhängt. Bleiben die Werte bis zur nächsten Meldung gespeichert, so ist außerdem jederzeit eine Wiederholung möglich, wenn beim erstenmal die Werte durch Leitungsstörungen verfälscht oder verstümmelt wurden oder falls der Verdacht auf Fehlerhaftigkeit von Werten besteht. Die Wiederholung ist bei Verwendung des Fernschreibcodes ja ohnehin die einzige Möglichkeit überhaupt eine Datensicherung durchführen zu können.

Als Speicher wird von uns ein handelsübliches Tonbandgerät verwendet, das mit einer Einrichtung zur Steuerung, Modulation und Demodulation gekoppelt ist. Noch geeigneter wäre ein Lochbandspeicher, jedoch müßte der zugehörige Sender dann eine Rücklaufmöglichkeit besitzen. Solche Sender sind für Fernschreibverkehr aber nicht greifbar. Im einzelnen läuft der Vorgang der Meldung, Speicherung und Abfrage wie folgt ab:

Zu Beginn der Meldung erhält das Steuerteil ST von der Meteorologischen Meßwerterfassungsanlage MME einen Auslöseimpuls und schaltet das Bandgerät TB in die Betriebsart „Aufnahme". Die folgenden, von der Meßwerterfassungsanlage bereits im Fernschreibcode verschlüsselt gelieferten Meßwerte werden im Modulator M in eine auf Band speicherfähige Form überführt und zum Bandgerät gegeben. Die vorangegangene Terminmeldung wird bei Aufnahme der neuen automatisch gelöscht. Der Aufnahmebereich des Bandes ist durch zwei lichtdurchlässige Fenster begrenzt, deren Abstand so bemessen ist, daß mit Sicherheit eine vollständige Meldung gespeichert werden kann. Nach Passieren des zweiten Bandfensters kehrt das Band, durch fotoelektrische Impulse gesteuert, selbständig in die Ausgangslage zurück und ist damit abfragebereit.

Die Abfrage erfolgt von der Zentralstelle über den Fernschreiber FSM, nachdem in üblicher Weise durch Wählen der Teilnehmeranschluß-Nummer die Verbindung hergestellt wurde. Als Auslösesignal dient eine Folge von acht Klingelzeichen, die in vorgegebener Zeit gesendet werden muß. Dies macht eine versehentliche Auslösung von fremder Seite zwar nicht unmöglich aber doch weitgehend unwahrscheinlich. Die Klingelzeichen werden in einem Zähler abgezählt, und das achte Zeichen wird zum Steuerteil weitergegeben, das das Bandgerät darauf in die Betriebsart „Wiedergabe" schaltet. Einige Sekunden nach dem ersten Zeichen erhält der Zähler einen Rückstellimpuls, so daß überzählige Zeichen, die durch Verzählen des Abfragenden entstehen können, nicht bis zum nächsten Termin gespeichert bleiben, d. h., es müssen stets wenigstens acht Klingelzeichen gesendet werden. Die vom Band kommenden Fernschreibimpulse werden im Demodulator D wieder in Gleichstromimpulse zurückverwandelt und über den Sendekontakt Sk in die Leitung gegeben. Die Vor-Rücklauf-Steuerung des Bandes erfolgt bei Wiedergabe genauso wie bei Aufnahme.

Von der 58. Minute der laufenden Stunde bis zur zweiten der folgenden kann das Bandgerät nicht auf Wiedergabe geschaltet werden. Damit ist eine ungestörte Aufnahme der neuen Terminwerte gewährleistet.

Zusätzliche Daten können mit Hilfe eines Lochstreifensenders an die eigentliche Meldung angefügt werden. Der zusätzliche Arbeitsgang der Lochstreifenherstellung ist zwar umständlicher als das direkte Schreiben auf Band, hat dafür aber den Vorteil, daß der zeitliche Ablauf der Sendung nachher unabhängig von der individuellen Schreibfertigkeit des Eingebenden bleibt. Ein Lochstreifensender ist ja ohnehin am Telexplatz vorhanden.

Eine Verbesserung bzw. Weiterentwicklung sollte auf eine Reduzierung der für die Sammlung sämtlicher Meldungen erforderlichen Zeit hinzielen. Diese fällt recht hoch aus, nicht zuletzt deshalb, weil sich zur reinen Übertragungszeit noch die für die Herstellung der Fernschreibverbindung erforderliche Zeit addiert, die etwa 25 bis 30 Sekunden pro Station ausmacht. Sie könnte verringert werden durch Ausschaltung der manuellen Arbeitsgänge und indem die Verbindung nicht von der Zentralstelle zur Station, sondern umgekehrt von der Station zur Zentralstelle hergestellt wird, also mit Hilfe eines automatischen Anwählers, der im Besetztfalle den Anwählvorgang solange wiederholt, bis die Leitung freigeworden ist. Der Übergang zu einem schnelleren Verfahren hingegen ist mit Vorsicht zu erwägen. Nicht nur, daß die Post, die dafür ja in Frage kommt, ein entsprechendes Übertragungsnetz mit den zugehörigen Sende- und Empfangseinrichtungen vorderhand noch nicht zur Verfügung stellen kann, sind auch die jetzigen Endeinrichtungen ausschließlich auf das Telexverfahren zugeschnitten. Ein Weg, der auf längere Sicht wesentlich aussichtsreicher erscheint, besteht in der Parallelübertragung über Telefonleitungen, da man bei der niedrigen Betriebsgeschwindigkeit des Fernschreibverfahrens mehrere Übertragungskanäle nebeneinander unterbringen kann, ohne daß das Sprachband allzu stark beschnitten zu werden braucht.

Anschrift: K. Krüger und H.-F. Wehner, Meteorologischer Dienst der DDR, Instrumentenamt, 15 Potsdam, Michendorfer Chaussee 23

551.508.824
551.501

Zu einigen Fragen der maschinellen Kontrolle der an der Automatischen Fernmeldenden Meteorologischen Station und durch Augenbeobachtung gewonnenen Daten

Von **B. Antonik** und **H. Käse**

Mit 2 Abbildungen

Zusammenfassung: Für die Übertragung von Informationen von einer Automatischen Fernmeldenden Meteorologischen Station wird ein dreiteiliger nationaler Schlüssel verwendet (Teil I: automatisch gewonnene Informationen; Teil II: Manuell eingegebene Informationen zu allen Beobachtungsterminen; Teil III: Manuell eingegebene Informationen zu ausgewählten Beobachtungsterminen), der allen Anforderungen für real-time und non-real-time-Verarbeitung entspricht. Zur Konzeption der maschinellen Qualitätskontrolle der Daten gehört in erster Linie die Kontrolle der offensichtlich fehlerhaften Daten und ein Kontrollsystem unter Verwendung „logischer Verknüpfungen", d. h. Verträglichkeitskontrolle mit Hilfe von Wechselbeziehungen zwischen verwandten Elementen. Es wird ein Vergleich gezogen zu den von *Filippov* (WMO, Planning Report No. 26) veröffentlichten Ergebnissen.

Summary: For the transmission of information from an automatic remote-transmitting meteorological station a three-section national supply code is used (Section I: automatically obtained information; Section II: manually supplemented information at all observation hours; Section III: information supplemented manually at selected observation hours) which meets any requirements for real-time and non-real-time processing. The conception for machine data quality checking, at first instance, includes the checking data which are obviously erroneous and a checking system using "logical combinations", i. e. compatibility checking by means of cross-references between related elements. A comparison with the results published by *Filippov* (WMO, Planning Report No. 26) is being made.

Резюме: Для передачи информации от дистанционно передающей метеорологической станции употребляется код, состоящий из трех частей (Первая часть: автоматически полученная информация, вторая часть: ручной ввод информации во время всех сроков наблюдений, третья часть: ручной ввод информации во время избранных сроков наблюдений) и удовлетворяющий всем требованиям, предъявленным к обработке в натуральном масштабе времени и в ненатуральном масштабе времени. Для концепции машинного контроля качества данных необходима в первую очередь проверка ошибочных данных и проверочная система с употреблением„логических связей", то значит проверка материаов с помощью взаимоотношений между сходными элементами.

0. Einleitung

Der Einsatz des Prototyps der Automatischen Fernmeldenden Meteorologischen Station erfordert bereits vor Inangriffnahme der Arbeiten die Erarbeitung von Vorstellungen über das System „Datenlinie". Das System Datenlinie umfaßt die Untersysteme Informationsgewinnung, Informationsbearbeitung sowie Speicherung und Archivierung. Bei dem Untersystem Informationsbearbeitung sind die Subsysteme Normierung, Qualitätskontrolle und Korrektur, Codierung und die eigentliche Informationsbearbeitung zu unterscheiden.

Im Rahmen der nachfolgenden Ausführungen soll insbesondere auf den Inhalt und die Aufgaben des Subsystems Qualitätskontrolle und Korrektur näher eingegangen werden. Dazu ist es jedoch notwendig, zunächst kurz auf die Konzeption über die Automatisierung der Informationsgewinnung einzugehen.

1. Informationsgewinnung

Mit Hilfe der Automatischen Fernmeldenden Meteorologischen Station werden folgende meteorologischen Werte gemessen:

– die mittlere Windgeschwindigkeit (Integrationszeit: 10 Minuten)
– die maximale Windgeschwindigkeit (Integrationszeit: 1,5 Sekunden)
– die mittlere Windrichtung (Integrationszeit: 10 Minuten)
– die Niederschlagsmenge
– die Niederschlagsdauer
– die Anzahl der Blitzentladungen im Umkreis von ca. 15 km
– die Globalstrahlung
– die Lufttemperatur
– die Temperatur im Erdboden in 5, 10, 20 und 50 cm Tiefe
– der Luftdruck
– die Taupunkttemperatur
– die psychrometrische Differenz

Der Anschluß von Meßwertgebern für weitere Parameter (z. B. Sicht, Wolkenuntergrenzen) ist grundsätzlich vorgesehen.

Die Ausgabe der Meßwerte erfolgt digital, jedoch unnormiert, über einen zur Automatischen Fernmeldenden Meteorologischen Station gehörenden Fernschreiber und gleichzeitig auf Lochstreifen (Internationales

Telegraphenalphabet Nr. 2). Die Ergebnisse visueller Beobachtungen (Atmosphärische Erscheinungen, Wolken, Erdbodenzustand u. a.) werden manuell der Meldung angefügt.

Alle Daten werden an der Station gespeichert. Sie können in der Zeit bis zur nächsten Messung der Automatischen Fernmeldenden Meteorologischen Station über Fernschreiber beliebig oft abgerufen werden. Für die Übermittlung der Meldungen der Automatischen Fernmeldenden Meteorologischen Station an das Zentrum wurde ein „nationaler Schlüssel" entworfen. Mit seiner Hilfe ist es möglich, alle anfallenden Auswertungen durchzuführen:

Abb. 1. Form der Meldung

KKK	SSS	MM.	dd.	hh.	mm		
$\bar{v}\bar{v}\bar{v}$	v'v'v'	DDD	RRR	rrr	BBB	GGG	
TTT	T_{05}	T_{10}	T_{20}	T_{50}	PPP	$\tau\tau\tau$	t – t'

NVVwwW	$N_hC_Lh_sh_sC_MC_H$	C'C'C'C'C'E
$A_eA_eA_eA_e$	$A_eA_eA_eK$	

$4s_ts_ts_ts_fs_f$	$5T_eT_eT_e$	$6T_gT_gT_g$	$7s_ds_d$	94sss
$8N_sCh_sh_s$	$9S_pS_pS_pS_p$			

——— automatisch erfaßte Meßwerte
– – – – – manuell eingegebene Werte zu jedem Termin
. . . . . manuell eingegebene Werte nur zu einzelnen Terminen bzw. bei Auftreten der Erscheinungen

Erläuterung der Schlüsselelemente:

KKK	Kennung der Meldung
SSS	Kennung der Station
MM.	Monat
dd	Tag
hh	Stunde
mm	Minute
$\bar{v}\bar{v}\bar{v}$	10 Minuten-Mittel der Windgeschwindigkeit Mittel der letzten 10 Minuten, ms^{-1} mit einer Dezimale
v'v'v'	maximale Windgeschwindigkeit innerhalb der letzten Stunde, ms^{-1}
DDD	Windrichtung, Mittel der letzten 10 Minuten, 0–359 °
RRR	Niederschlagsmenge der letzten Stunde, Zehntelmillimeter
rrr	Niederschlagsdauer der letzten Stunde, Minuten
BBB	Anzahl der Blitze ($r = 15$ km) in der letzten Stunde
GGG	Globalstrahlung der letzten Stunde, Zehntel gcal cm^{-2}
TTT	Lufttemperatur, Zehntelgrad
T_{05}	Erdbodentemperatur 5 cm, Zehntelgrad
T_{10}	Erdbodentemperatur 10 cm, Zehntelgrad
T_{20}	Erdbodentemperatur 20 cm, Zehntelgrad
T_{50}	Erdbodentemperatur 50 cm, Zehntelgrad
PPP	Luftdruck an der Station
$\tau\tau\tau$	Taupunkttemperatur, Zehntelgrad
t – t'	Differenz zwischen trockenem und feuchtem Thermometer, Zehntelgrad

Die Schlüsselelemente

A_e (Atmosphärische Erscheinungen)
C' (Wolkengattung)
K (Art der Niederschläge, die die Tagessumme bilden)
s_d (Wassergehalt der Schneedecke)
s (Sonnenscheindauer)

finden im Meteorologischen Dienst der DDR bei der Übermittlung der Beobachtungsergebnisse für klimatologische Zwecke Anwendung; die restlichen Schlüsselelemente entsprechen denen des Code FM 11 (SYNOP).

Die Dublierung der Angaben über die Wolkengattungen und atmosphärische Erscheinungen wird für erforderlich gehalten, um bei Schlüsseländerungen für klimatologische Auswertungen homogene Beobachtungsreihen zu behalten.

2. Informationsbearbeitung

2.1. Normierung

Die Normierung der Daten, d. h. die Umwandlung der Skalenwerte, die von der Automatischen Fernmeldenden Meteorologischen Station angegeben werden, in die tatsächlichen Werte für die einzelnen meteorologischen Elemente bereitet maschinell keine Schwierigkeiten. So ist z. B. bei der Angabe für die Lufttemperatur stets die Zahl 400 zu subtrahieren, um den tatsächlichen Wert der Lufttemperatur zu erhalten. Dieses Verfahren ist im Gebiet der DDR möglich, da die Tiefsttemperaturen am Boden – 40 °C niemals unterschreiten. Testprogramme für die maschinelle Normierung befinden sich in Bearbeitung. Die Anbringung von Korrekturen auf Grund der Eichkurven von bestimmten Meßfühlern ist ebenfalls relativ einfach maschinell durchführbar.

2.2. Qualitätskontrolle und Korrektur

Die Prüfarbeiten werden zur Zeit im Meteorologischen Dienst der DDR noch manuell durchgeführt. Der Einsatz des Prototyps der Automatischen Fernmeldenden Meteorologischen Station erforderte aber bereits bei der Planungsphase die Erarbeitung von Vorstellungen über die maschinelle Qualitätskontrolle der eingehenden Daten. Vorarbeiten hierzu sind zu einem großen Teil fertiggestellt, soweit sie die Kontrolle der Daten einer Station betreffen. Die Tatsache, daß im „nationalen Schlüssel" zu den verschiedenen Terminen in den vorgegebenen Zyklen (Zeilen) die Reihenfolge, die Anzahl und der Umfang der Gruppen festgelegt worden sind, ermöglicht ein schnelles Erkennen verstümmelter Meldungen, die zunächst von der weiteren maschinellen Bearbeitung ausgeschlossen werden. Inwieweit derartige Meldungen ergänzt werden können, muß von Fall zu Fall entschieden werden.

Für die maschinelle Kontrolle bieten sich folgende Möglichkeiten an:

Kennzeichnung von offensichtlich falschen Werten
Prüfungen mit Hilfe „logischer Verknüpfungen"
= Vorgegebene Grenzwerte
= Notwendige Folgeerscheinungen

Es ist z. B. unmöglich, daß für den Monat eine Zahl > 12, für den Tag eine Zahl > 31, für die Lufttemperatur eine Zahl > 799, für die Windrichtung die Hunderterstelle $\geqq 4$ zutreffen kann. Dies sind nur einige Beispiele. Eine vollständige Übersicht über die Ziffern, die im Laufe eines Jahres, beispielsweise in Terminmeldungen (KKK = 111) der Station Grünow (SSS = 321) verboten sind (gesperrte Ziffern), vermittelt Abbildung 2. Spezifizierte Darstellungen können für die einzelnen Monate bzw. Gruppen von Monaten (Jahreszeiten) angefertigt werden.

Meldungen, die derartige Ziffern enthalten, werden gekennzeichnet und ebenfalls zunächst von der weiteren Bearbeitung ausgeschlossen.

Bei der maschinellen Kontrolle mit Hilfe „logischer Verknüpfungen" wird von den Angaben, wie sie z. Z. im Meteorologischen Tagebuch enthalten sind, ausgegangen. Die Prüfung erfolgt auf Grund vorgegebener Grenzwerte oder von Folgeerscheinungen, die ein bestimmtes Beobachtungsergebnis bedingt.

Als Eingangsparameter für die Prüfung dienen:

1. Lufttemperatur
2. Wasserdampfgehalt der Luft
3. Luftdruck
4. Horizontale Sichtweite am Boden
5. Bewölkung
6. Erdbodenzustand
7. Wetterzustand (ww)
8. Wind

1. Lufttemperatur

1.1. Die Prüfung wird mit Hilfe vorgegebener Grenzwerte durchgeführt.

1.2. Die Lufttemperatur von 19 Uhr MEZ des Vortages bis 19 Uhr des Beobachtungstages muß kleiner oder gleich dem Maximum der Lufttemperatur bzw. größer oder gleich dem Minimum des betreffenden Tages sein.

1.3. Die Feuchttemperatur kann maximal den Wert der Trockentemperatur haben. Sie wird durch Rechnung - Trockentemperatur minus psychrometrische Differenz – bestimmt.

1.4. Die Temperatur des Minimumthermometers in 5 cm Höhe über dem Erdboden muß kleiner oder gleich der um 1 grd erhöhten Minimumtemperatur in 2 m Höhe sein.

2. Wasserdampfgehalt der Luft

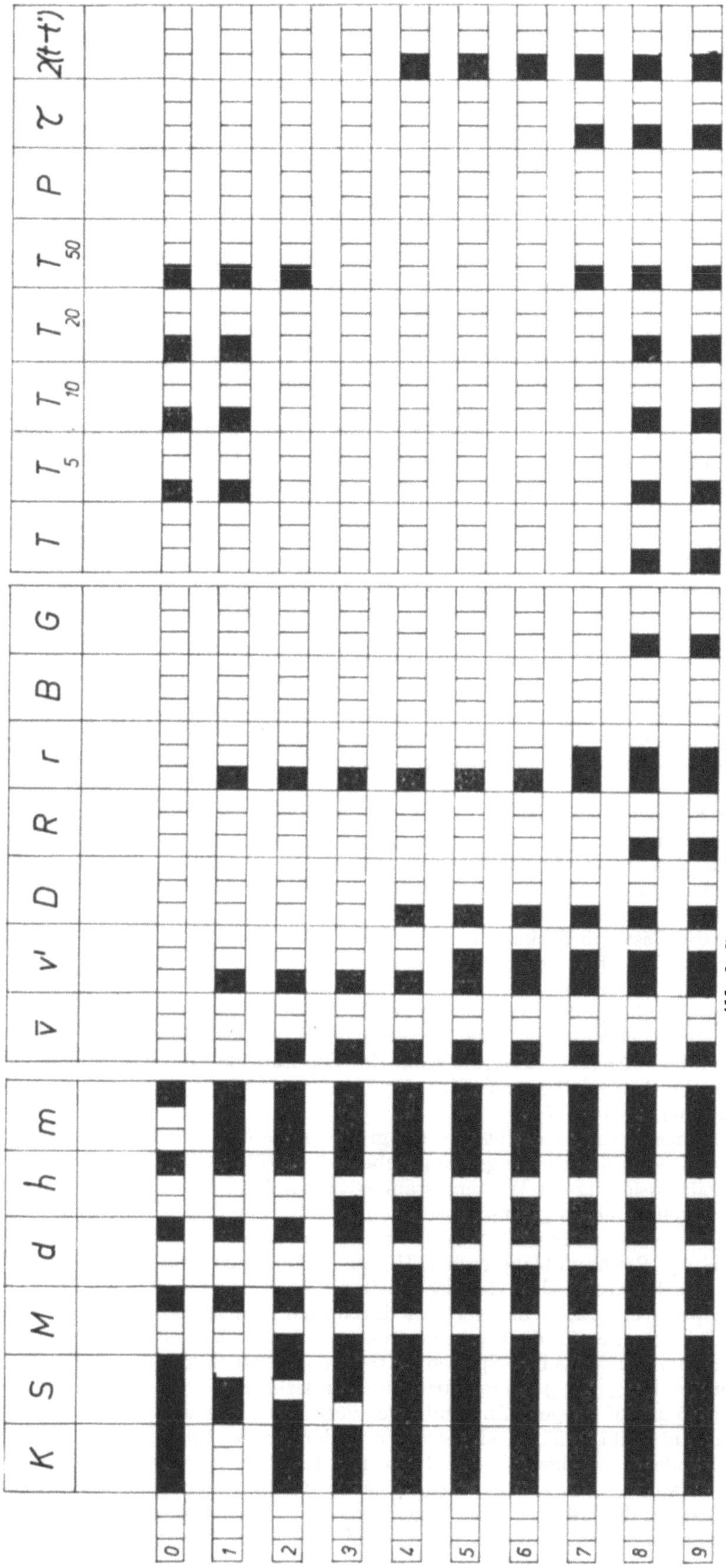

Abb. 2. Gesperrte Ziffern bei Terminmeldungen

2.1. Sämtliche Angaben für den Wasserdampfgehalt der Luft werden mit Hilfe der Lufttemperatur (trocken) und der psychrometrischen Differenz maschinell berechnet.

2.2. Maschinelle Vergleiche der berechneten Taupunkttemperatur und der mit dem Lithiumchlorid-Hygrometer gemessenen Taupunkttemperaturen werden zur Kontrolle ständig durchgeführt.

3. Luftdruck

3.1. Bei Luftdruckwerten $\geqq$ 1000 mbar kann in der Spalte für die Tausender nur eine 1 erscheinen. Der Wert der Zehner-, Einer- und Zehntelstelle muß gleich oder kleiner dem auf Meeresspiegel reduzierten Luftdruckwert sein.

3.2. Die Differenz des beobachteten Luftdrucks minus dem Luftdruck, der 3 Stunden zuvor gemessen wurde, wird maschinell berechnet. Ein positives Ergebnis der Berechnung bedingt die Schlüsselziffern für die Tendenz 0 . . . 4, ein negatives Ergebnis die Schlüsselziffern 5 . . . 8. Das Ergebnis Null kann für beide Möglichkeiten zutreffen. Hierdurch ist die Voraussetzung der Überprüfung der Art der Luftdruckänderung (a) gegeben.

4. Horizontale Sichtweite am Boden (Code 4377)

4.1. Bei der horizontalen Sichtweite am Boden ergeben sich durch den Vergleich mit dem Wetterzustand und den in der Klimatologie verwendeten „Atmosphärischen Erscheinungen" mannigfaltige Möglichkeiten der Kontrolle. Für die maschinelle Kontrolle wurden alle Möglichkeiten herangezogen. Die Art und Weise der Kontrolle soll an einem Beispiel erläutert werden.

4.2. Die Ziffern 00 . . . 09 und 90 . . . 93 (horizontale Sichtweite am Boden kleiner als 1000 m) erfordern für den Wetterzustand (ww) die Ziffern 39 (starkes Schneetreiben) und 42 . . . 49 (Nebel) oder 50 . . . 99 (Niederschläge). Bei Nebel ist weiterhin eine entsprechende Angabe in der Spalte „Atmosphärische Erscheinungen" erforderlich.

4.3. Nach der gleichen Methode werden Sichtweiten unter 2 km und 15 km geprüft.

5. Bewölkung

5.1. Auch bei der Bewölkung bestehen eine Reihe von Verknüpfungen, die für maschinelle Kontrollen gut geeignet sind. Unter dem Begriff Bewölkung sind folgende Angaben zusammengefaßt worden: Grad der Bedeckung (N und N_n), Wolkengattung und die Höhe der Untergrenze der Wolken ($h_s h_s$). Auch hier sollen nur einige ausgewählte Beispiele aufgeführt werden:

5.2. Die Gesamtbedeckung muß gleich oder größer sein als die Teilbedeckung.

5.3. Die Ziffer 9 (Beobachtung ausgefallen) in der Spalte Gesamtbedeckung bedingt, daß in den Spalten Teilbedeckung und Höhe der Wolkenuntergrenze keine Ziffern stehen dürfen.

5.4. Eine Ziffer 0 in der Spalte Gesamtbedeckung erfordert in den Spalten für die Wolkengattung eine 9 (wolkenlos).

5.5. Eine Ziffer 1 bis 8 in der Spalte Gesamtbedeckung und eine Ziffer 0 in der Spalte Teilbedeckung erfordert in den Spalten Gattung der hohen Wolken und Gattung der mittelhohen Wolken eine Ziffer 1 bis 7 bzw. 1 bis 5 und in der Spalte Gattung der tiefen Wolken eine 0.

5.6. Eine Ziffer 8 in der Spalte Teilbedeckung erfordert bei Angabe der Gattung der hohen Wolken die Ziffer 8 (Wolken der betreffenden Gattung nicht erkennbar).

5.7. Die Ziffer 8 für die Gesamtbedeckung und die Ziffer 0 für die Teilbedeckung erfordert für die Höhe der Wolkenuntergrenze die Ziffer 99 ($\geqq$ 2500 m).

6. Erdbodenzustand (Code 0900)

6.1. Eindeutige Zusammenhänge für die Prüfung des Erdbodenzustands ergeben sich nur im Zusammenhang mit dem Auftreten oder mit dem Nichtauftreten einer Schneedecke. Dementsprechend erfordern die Schlüsselziffern 6 bis 9 Angaben über die Höhe der Schneedecke. Bei den Schlüsselziffern 1 bis 5 dürfen keine Ziffern für die Schneehöhen auftreten.

7. Wetterzustand (ww) (Code 4677)

7.1. Für diesen Eingangsparameter ergibt sich die größte Anzahl von Prüfmöglichkeiten. Mit Hilfe von 52 Prüfbeispielen wurden die Bedingungen angegeben, die erfüllt sein müssen, wenn bestimmte Schlüsselziffern zur Charakterisierung des Wetterzustandes vorhanden sein würden. Für die Verschlüsselung des Wetterzustandes gelten die im „Meteorologischen Schlüsselhandbuch" enthaltenen Richtlinien. Im Folgenden soll die Methodik anhand von 2 Prüfbeispielen näher erläutert werden.

7.2. ww = 48 (Nebel mit Rauhreifablagerungen, Himmel erkennbar) erfordert eine Sichtweite unter 1000 m, d. h. in den entsprechenden Spalten der Lochkarte die Angabe der Ziffern 00 bis 09 oder 90 bis 93. In den Spalten „Atmosphärische Erscheinungen" ist durch eine entsprechende Ziffer „Nebel" und „Rauhreif" anzugeben. In den 4 Spalten für die Wolkengattungen kann die Ziffer 8 (Wolken der betreffenden Gattung . . . nicht erkennbar) höchstens in 3 Spalten auftreten. Eventuell kann noch ein Grenzwert für die Relative Luftfeuchte (z. B. $\geqq$ 80%) als Prüfkriterium einbezogen werden.

7.3. ww = 59, 62 bis 65 und 69 (Regen mit Sprühregen vermischt, Regen, Regen mit Schnee und / oder Sprühregen vermischt, Intensität: mäßig oder stark) erfordern in der Spalte „Erdbodenzustand" die Ziffern 1 (feucht), 2 (naß) oder 5 (weniger als die Hälfte mit Eis, Schnee oder Schneematsch bedeckt). Ist eine Schneedecke vorhanden, was aus der Angabe über die Höhe der Schneedecke hervorgeht, so sind für den Erdbodenzustand die Ziffern 6 oder 7 (mehr als die Hälfte, bzw. ganz mit Eis, Schnee oder Schneematsch bedeckt) erforderlich. In den Spalten „Atmosphärische Erscheinungen" sind die entsprechenden Schlüsselziffern ebenfalls erforderlich.

Die beiden Beispiele zeigen, daß bei der Prüfung des Wetterzustandes eine komplexe Kontrolle, in die die verschiedensten Parameter mit einbezogen werden können, mit Hilfe der logischen Verknüpfungen sehr gut möglich ist. Prüfschemen für den Wetterverlauf (W) wurden bisher nicht aufgestellt, da hierbei der Bezugszeitraum eine wichtige Rolle spielt. Eine Prüfung der Verschlüsselung der Richtigkeit der Angaben in der Meldung ist mit Hilfe der stündlich eingehenden Meldungen jedoch auch ohne größere Schwierigkeiten möglich.

8. Wind

8.1. Gemessen werden die Windrichtung, die mittlere Windgeschwindigkeit und die maximale Windgeschwindigkeit.
Auch für diesen Eingangsparameter seien einige Beispiele angeführt.

8.2. Bei der Windrichtung können nur Zahlen von 000 bis 359 auftreten.

8.3. Die Angaben der mittleren Windgeschwindigkeit liegen in unserem Gebiet zwischen 00 und 40 ms^{-1}, wobei 40 ein Mittelwert – Meßdauer 10 Minuten – bedeutet. Das Erreichen oder Überschreiten dieses Grenzwertes ist an Stationen im Bereich des Tieflandes der DDR sehr unwahrscheinlich.

8.4. Die Messung von mittleren Windgeschwindigkeiten von 12 bis 18 ms^{-1} oder $\geqq$ 19 ms^{-1} erfordern eine entsprechende Angabe in der Spalte „Atmosphärische Erscheinungen".

8.5. Die erreichte Spitze der Windgeschwindigkeit nach der letzten Messung – in der Regel innerhalb der letzten Stunde – wird eingetragen, sofern sie 12 ms^{-1} und mehr beträgt. Diese Geschwindigkeit muß gleich oder größer als die mittlere Windgeschwindigkeit sein.

3. Schlußbemerkung

Abschließend sei festgestellt, daß der Bericht nur einen allgemeinen Überblick über die Vorstellungen des Meteorologischen Dienstes der DDR zur maschinellen Kontrolle meteorologischer Beobachtungen geben sollte. Die aufgeführten Beispiele dienten zur Erläuterung der Methodik, die bei der maschinellen Kontrolle angewendet werden soll. Die durchgeführte Prüfung bezieht sich hinsichtlich der meteorologischen Elemente nur auf die an einer Beobachtungsstation gewonnenen Beobachtungen. Sie bedarf noch der Erweiterung in bezug auf die Kontrolle der räumlichen Verteilung der Elemente. Hierzu ist jedoch die Kenntnis der Feldverteilung der einzelnen meteorologischen Elemente Voraussetzung. Die Bearbeitung dieser Aufgabe wird nun begonnen werden

Zur Zeit wird der Entwurf des Prüfschemas mit den Ergebnissen der Arbeit von *Filippov* „Quality Control Procedures for Meteorological Data" abgestimmt und – falls erforderlich – notwendige Ergänzungen in den vorliegenden Entwurf des Prüfschemas eingearbeitet.

Literatur

Peters, E., Der Einfluß der modernen Technik auf die Informationsgewinnung in der Meteorologie unter besonderer Berücksichtigung der Erfassung der meteorologischen Elemente am Erdboden. Dissertation, unveröffentlicht. Leipzig, Karl-Marx-Universität (1968).
Filippov, V., Quality Control Procedures for Meteorological Data. World Weather Watch, Planning Report No. 26.
Richtlinien für die Eintragung meteorologischer Beobachtungen (1. 1. 1967), MD der DDR, Potsdam, Manuskriptdruck (1967).
Meteorologisches Schlüsselhandbuch, MD der DDR, Potsdam (1959).

Anschrift: Dr. B. Antonik und Dr. H. Käse, Meteorologischer Dienst der DDR, Fachabteilung Klimadienst, 15 Potsdam, Lukkenwalder Str. 42–44–46

—

551.508.824

Grundsätze des netzmäßigen Einsatzes Automatischer Meteorologischer Stationen in bewohnten Gebieten am Erdboden

Von **E. Peters**

Mit 1 Abbildung

Zusammenfassung: Es wird eine Kategorisierung Automatischer Meteorologischer Stationen vorgeschlagen. Es wird gezeigt, wie die an ein Stationsnetz zu stellenden Forderungen mittels voll- und teilautomatisierter Stationen erfüllt werden können und wie diese Stationen in technischer Hinsicht ausgerüstet sein sollen. Die Fragen der Informationsübertragung in einem automatisierten Netz werden diskutiert. Auf die Notwendigkeit der Real-Time-Prüfung der automatisch gewonnenen Informationen wird hingewiesen. Abschließend wird die Kostenfrage erörtert.

Summary: The proposal is made of a classification system (categories) of automatic meteorological stations. It can be seen that the requirements to be satisfied by a network of stations can be met by fully or partly automated stations. A description is given of the equipment needed for such stations. Problems of information transmission in an automatic station network are discussed. The necessity of real-time checking of data obtained by an automatic station network is underlined, followed by a discussion of the financial aspects.

Резюме: Предлагается категоризация автоматических метеорологических станций. Показывается, каким образом требования, предъявляемые к сети станций, осуществляются с помощью полностью и частично автоматизированных станций и как эти станции должны быть оборудованы в техническом отношении. Обсуждение проблемы передачи информации в автоматизированной сети. Указывается на необходимость проверки в натуральном масштабе времени автоматически полученной информации. В конце обсуждается проблема расходов.

Es sollen einige grundsätzliche Fragen erörtert werden, die mit dem netzmäßigen Einsatz Automatischer Meteorologischer Stationen am Erdboden im Zusammenhang stehen.

Dies sind insbesondere:

Die Kategorisierung der Automatischen Meteorologischen Stationen,
allgemeine Forderungen an ein automatisiertes Netz,
Definition möglicher Stationstypen eines automatisierten Netzes,
technische Ausrüstung der Stationen,
Fragen der Informationsübertragung,
die Notwendigkeit der Real-Time-Prüfung
und die Kostenfrage.

Es geht also hierbei um Fragen, die das Beobachtungssystem am Erdboden betreffen. Ausgeschlossen sind selbstverständlich Radar- und Radiosondenstationen, jedoch sollen auch Flugplatzstationen nicht in die Betrachtung einbezogen werden, da sie sehr spezielle Aufgaben lösen müssen, die sich aus der besonderen Anwendung, nämlich der Flugsicherung, ergeben.

Zum besseren Verständnis sollen folgende Kategorien von Automatischen Meteorologischen Stationen unterschieden werden:

1. Automatische, Registrierende Meteorologische Stationen (ARMS),
2. Automatische, Fernmeldende Meteorologische Stationen (AFMS),
3. Automatische, Fernmeldende Flugplatzstationen (AFFS).

Wenn man davon ausgeht, daß, wie in Abbildung 1 dargestellt, sich folgende Hauptbaugruppen bei einer komplexen Automatischen Meteorologischen Station unterscheiden lassen:

Meßwertgeber
Zentraleinheit
1. Peripherie und
2. Peripherie,

so sind allen diesen Automatischen Meteorologischen Stationen die Meßwertgeber, jedoch je nach Aufgabenstellung in unterschiedlicher Anzahl, und die Zentraleinheit gemeinsam. Die einzelnen Kategorien unterscheiden sich im wesentlichen hinsichtlich des Umfanges der 1. und 2. Peripherie; sie haben folgende Besonderheiten:

1. Automatische, Registrierende Meteorologische Stationen
   Die von der Zentraleinheit bereitgestellten Informationen müssen aus Kontrollgründen lesbar dargestellt werden. Parallel dazu müssen die Informationen so registriert werden, daß sie maschinell be- und verarbeitbar sind.
2. Automatische, Fernmeldende Meteorologische Stationen
   Die Automatische, Fernmeldende Meteorologische Station muß über eine Fernübertragungseinrichtung verfügen, mit der die von der Station erfaßten Werte an eine Zentrale geleitet werden können. Aus Sicherheits-

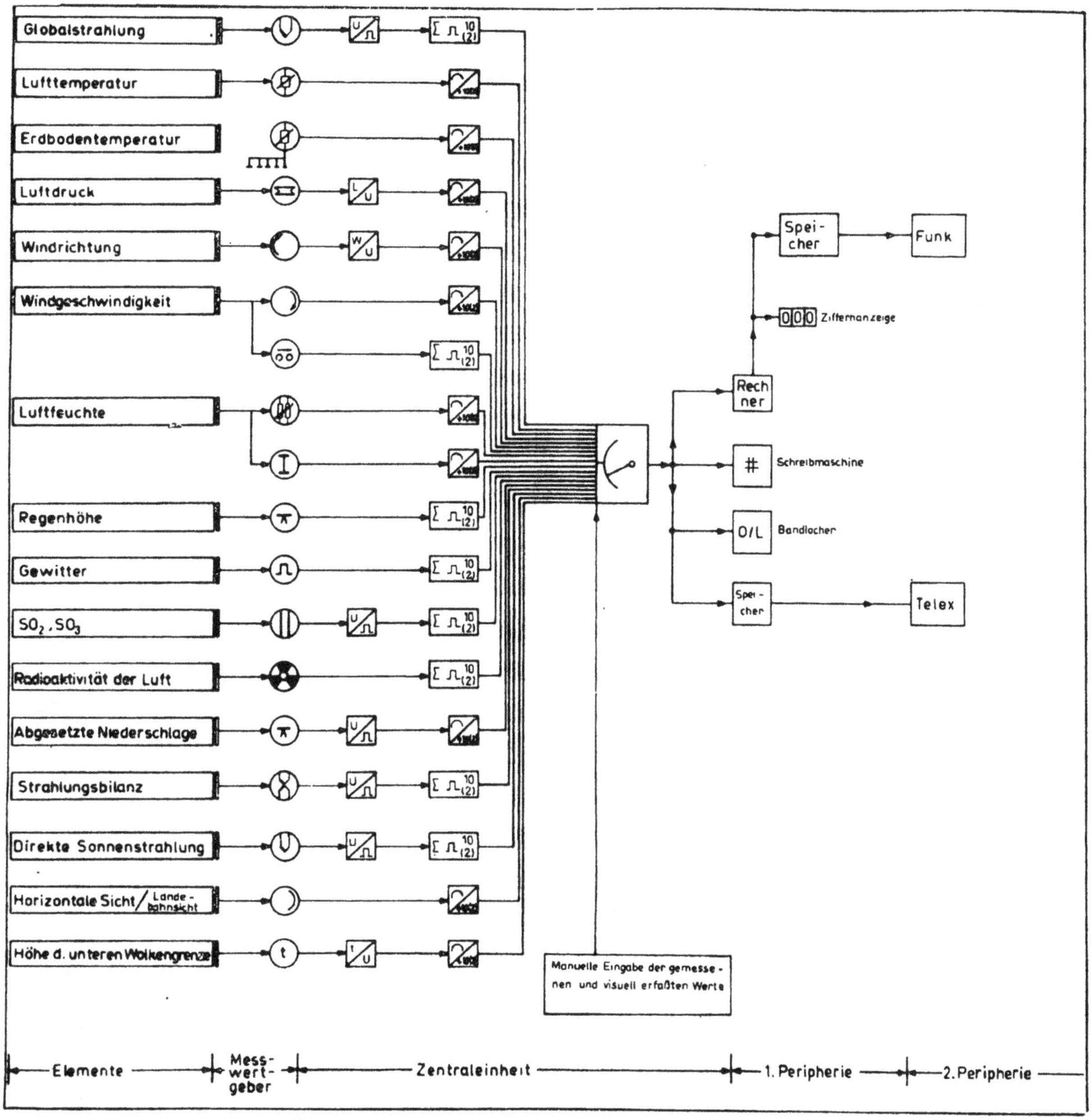

Abb. 1. **Blockschema automatischer meteorologischer Stationen**

gründen müssen die Werte mehrmals hintereinander übertragbar sein und an der Station zusätzlich gespeichert werden. Aus ökonomischen Gründen sollen vorhandene konventionelle Nachrichtenkanäle benutzt werden.

3. Automatische, Fernmeldende Flugplatzstationen
   Automatische, Fernmeldende Flugplatzstationen müssen die von der Zentraleinheit ausgegebenen Werte lesbar darstellen und sie parallel einem Rechner zuführen können. Die Aufgabe des Rechners besteht in der Bearbeitung der aufgenommenen Informationen, ihrer Verteilung an verschiedene Verbraucher am Ort und zur Bereitstellung für die Ausstrahlung an Luftfahrzeuge.

Ein meteorologisches Stationsnetz muß folgende Hauptforderungen erfüllen:

1. Erfassung von Informationen über den momentanen Zustand folgender meteorologischer Elemente mit vorgegebener Meßgenauigkeit und unterschiedlicher räumlicher Dichte:

Direkte Sonnenstrahlung	Höhe der unteren Wolkengrenze
Globalstrahlung	Regenhöhe
Strahlungsbilanz	Schneehöhe
Horizontale Sicht	Niederschlagsarten

Lufttemperatur	Abgesetzte Niederschläge
Erdbodentemperatur	Gewitter
Luftdruck	Erdbodenzustand
Windrichtung	
Windgeschwindigkeit	Staub
Luftfeuchte	Schwefeldioxyd
Gesamtbedeckung mit Wolken	Ozon
Wolkenart	Radioaktivität der Luft

2. Erfassung des zeitlichen Verlaufes dieser Elemente mit einer Frequenz bis zu 6 Messungen pro Stunde.
3. Darstellung der Informationen in einer Form, die für die schnelle automatische Verarbeitung geeignet ist.

Es ist leicht einzusehen, daß es für zahlreiche der oben aufgeführten Elemente bereits erprobte automatische Meßwertgeber gibt; hierzu gehören zum Beispiel der Wind, die Lufttemperatur, die Erdbodentemperatur u. a.. Es gibt jedoch auch zahlreiche Elemente, die nicht mit automatischen Meßwertgebern erfaßt werden können, nicht einmal gemessen, sondern visuell beobachtet werden müssen; hierzu gehören z. B. Niederschlagsarten u. a.,

Man kann die genannten Forderungen an ein meteorologisches Stationsnetz durch den Einsatz folgender Stationstypen erfüllen:

Typ 1

Meteorologische Stationen, die ständig meß- und meldebereit sind. Sie sind mit 5 bis 6 Arbeitskräften besetzt und messen und beobachten alle meteorologischen Elemente. Dieser Typ macht 25% des Stationsnetzes aus.

Typ 2

Meteorologische Stationen, die nur an bestimmten Tagen oder zu bestimmten Tageszeiten ständig meß- und meldebereit sind.

In der meldebereiten Zeit messen und beobachten sie alle meteorologischen Elemente. In der nichtbesetzten Zeit sollen diese Stationen die meteorologischen Informationen fortlaufend oder zu bestimmten Terminen erfassen, sie für die Fernübertragung bereitstellen und sie am Ort speichern. Dieser Typ macht ebenfalls 25% des Stationsnetzes aus.

Typ 3

Meteorologische Stationen, die die meßbaren meteorologischen Elemente fortlaufend oder zu bestimmten Zeiten erfassen und sie am Ort speichern; dieser Typ macht 50% des Stationsnetzes aus.

Eine Reihe von Stationen des Typs 1 können zusätzlich die Aufgabe haben, Bedarfsträger auf regionaler Ebene mit aktuellen und verarbeiteten meteorologischen Informationen zu versorgen; sie werden im MD der DDR als Bezirksstationen bezeichnet. Ihnen werden in der Regel maximal 10 Stationen zugeordnet sein.

Es erhebt sich nun die Frage, welche der Stationstypen mit welcher Kategorie von Automatischen Meteorologischen Stationen ausgestattet werden müssen.

Zunächst scheint es sinnvoll und auf der Hand zu liegen, alle Stationen vom Typ 3 mit Automatischen Meteorologischen Stationen auszurüsten. Wenn auch von vornherein eine hohe Betriebssicherheit gefordert wird, gibt es jedoch keine absolute Sicherheit für ein zuverlässiges Arbeiten. Ein langfristiger, unbeaufsichtigter Einsatz einer Automatischen Meteorologischen Station ist deshalb mit einem erheblichen Risiko verbunden. Dieses Risiko kann beliebig klein gehalten werden, wenn genügend Kontrollen vorgesehen sind.

Es gibt zwei Möglichkeiten, eine Automatische Station zu kontrollieren und damit die Unsicherheit zu verringern:

1. Die Station wird durch eine Person beaufsichtigt, die entweder die auftretenden Störungen selbst behebt oder entsprechende Fachleute anfordern kann,
2. die Station wird ständig dadurch kontrolliert, daß die Informationen in geringen zeitlichen Abständen einer besetzten Station zugeleitet werden, die diese prüft und gegebenenfalls geeignete Maßnahmen einleitet.

Die zuletzt genannte Möglichkeit ist offensichtlich zu bevorzugen, da keine zusätzlichen Arbeitskräfte an der Station zur Beaufsichtigung benötigt werden.

Im Zusammenhang mit der Begründung des Einsatzes Automatischer Meteorologischer Stationen an Stationen des Typs 3 soll noch auf folgendes hingewiesen werden:

Insbesondere für die Zwecke der Kürzestfristvorhersage und der Mesometeorologie werden im zunehmenden Maße meteorologische Informationen mit höherer zeitlicher und räumlicher Dichte als dies beim derzeitigen Stationsnetz in bewohnten Gebieten der Fall ist, benötigt. Die heute zum Teil noch vorhandenen sogenannten „Klimastationen", die nicht in den synoptischen Meldedienst einbezogen sind, werden künftig mit Sicherheit zu „Synoptischen Stationen", d. h. ihre Informationen werden in die „Real-Time-Bearbeitung" einbezogen. Diese Überlegung führt letzten Endes dazu, daß ein modernes automatisiertes Stationsnetz keine sogenannten „Klimastationen" haben sollte. Alle Stationen sollten im „Real-Time-Regime" arbeiten.

Es erscheint deshalb sinnvoll, von dem Einsatz Automatischer, Registrierender Meteorologischer Stationen (ARMS) abzusehen und von vornherein den Stationstyp 3 mit Automatischen, Fernmeldenden Meteorologischen Stationen (AFMS) auszurüsten.

Diese Betrachtungen gelten zugleich auch für den Stationstyp 2, soweit es die nichtbesetzte Zeit betrifft. Die Stationen des Typs 2 wären also ebenfalls mit Automatischen, Fernmeldenden Meteorologischen Stationen (AFMS) auszurüsten. Schließlich ist der Einsatz Automatischer, Fernmeldender Meteorologischer Stationen an Stationen des Typs 1 dadurch begründet, daß AFMS die Informationen digital registrieren, so daß manuelle Auswerte- und Registrierarbeiten weitestgehend entfallen. Hierdurch kann dem Beobachter mehr Zeit gegeben werden, um die erforderlichen visuellen Beobachtungen sorgfältig ausführen zu können. Im Hinblick auf die zu erwartende Erhöhung der Beobachtungsfrequenz (Kurzfristvorhersage, Mesometeorologie) handelt es sich hierbei um eine willkommene Entlastung der Arbeitskapazität des Beobachters. Der Einsatz von AFMS an Stationen des Typs 1 scheint auch aus Gründen der Vergleichbarkeit der meteorologischen Informationen erforderlich.

Die vorher gestellte Frage wird also damit beantwortet, daß es zweckmäßig ist, an allen oben definierten Stationstypen eines Netzes Automatische, Fernmeldende Meteorologische Stationen einzusetzen.

Von grundlegender Bedeutung für das Funktionieren eines Netzes Automatischer Meteorologischer Stationen ist außer der zuverlässigen Arbeitsweise der Station selbst die Existenz geeigneter Informationsübertragungskanäle. An sie müssen folgende Forderungen gestellt werden:

1. Sie müssen die Übertragung der automatisch gewonnenen Informationen bis zu einem nationalen Zentrum über mehrere Untersammelpunkte hinweg gewährleisten,
2. die meteorologischen Informationen müssen auch im Untersammelpunkt benutzbar sein; die Informationen der letzten Station des Zuständigkeitsgebietes sollen innerhalb von 15 Minuten nach dem Meßtermin im nationalen Zentrum vorliegen,
3. zur Übertragung der Informationen sollen aus ökonomischen Gründen möglichst konventionelle Nachrichtenverbindungen benutzt werden.

Unter Berücksichtigung dieser Bedingungen erweist es sich als am zweckmäßigsten, wenn die einzelnen Automatischen, Fernmeldenden Meteorologischen Stationen zeitgesteuert arbeiten und die automatisch gewonnenen Informationen von einer Zentrale, im Falle des MD der DDR, von der zuständigen Bezirksstation, aus abgerufen werden. Dieses Abrufen hat den Vorteil, daß die Stationen nach dem Rang ihrer Bedeutung, auch hinsichtlich des internationalen Austausches, abgefragt werden können. Es wird davon ausgegangen, daß eine Übertragung von sogenannten Gefahrenmeldungen nicht erforderlich ist, da gefährliche Erscheinungen aus Satelliteninformationen, Radarbeobachtungen und aus etwa stündlichen Messungen der Automatischen, Fernmeldenden Meteorologischen Stationen ermittelt werden können. Die Abfrage der einzelnen Automatischen, Fernmeldenden Meteorologischen Stationen kann, soweit vorhanden, über kommerzielle Nachrichtenverbindungen (Telex) mit einer Telegraphiergeschwindigkeit von 50 Baud erfolgen.

Wie bereits oben bemerkt, bietet die ständige Kontaktaufnahme die Möglichkeit der dauernden Kontrolle der Arbeitsweise der Automatischen, Fernmeldenden Meteorologischen Station. Gegebenenfalls können sehr schnell, eine zweckmäßige Organisation der Wartung und der Reparatur vorausgesetzt, geeignete Maßnahmen eingeleitet werden.

Für die Übertragung der an einem Punkt gesammelten Informationen zu dem nächst höheren Punkt werden im allgemeinen kommerzielle Nachrichtenkanäle ausreichen. Dies hängt jedoch vom Umfang der Informationsmenge und von der zur Verfügung stehenden Zeit ab. Hier sind unter Umständen spezielle Übertragungseinrichtungen mit einer höheren Telegraphiergeschwindigkeit erforderlich.

Sowohl im Meßprozeß selbst als auch auf den Übertragungswegen können die meteorologischen Informationen verfälscht werden. Deshalb muß davon ausgegangen werden, daß die automatisch gewonnenen meteorologischen Informationen sowohl mit systematischen als auch mit zufälligen Fehlern behaftet sind. Es muß im System der primären Datenbearbeitung deshalb gesichert werden, daß die einlaufenden Werte geprüft und gegebenenfalls berichtigt werden.

Zur Ausnutzung der gegebenen Möglichkeiten sind zweckmäßigerweise solche Prüfmethoden anzuwenden, die mittels elektronischer Datenverarbeitungsanlagen ausgeführt werden können.

Es muß festgestellt werden, daß z. Z. fast keine Methoden zur automatischen Prüfung der am Erdboden gewonnenen meteorologischen Informationen existieren. Die automatische Prüfung der „Bodenbeobachtungen" wurde bisher nur vereinzelt in Angriff genommen, da die bekannten numerischen Vorhersagemodelle fast ausschließlich aerologische Informationen verwenden, wofür es allerdings automatische Prüfmethoden gibt.

Als ausnutzbar für automatische Prüfung der am Erdboden gewonnenen meteorologischen Informationen erscheint der Vergleich mit statistischen Werten, Feldbetrachtungen und die vorhandene Redundanz zwischen den einzelnen Informationen. Möglicherweise können die darauf aufgebauten Methoden als Filter mit unterschiedlicher Bandbreite im Prüfprozeß dienen.

Die Prüfung der Informationen ist an mehreren Punkten des Systems möglich: Im Nationalzentrum und an den Untersammelstationen.

Es ist offensichtlich, daß die Ausrüstung aller Untersammelpunkte mit elektronischen Datenverarbeitungsanlagen, die über ein großes Speichervermögen verfügen müssen, nicht effektiv ist. Deshalb sollte die automatische Prüfung der Informationen möglichst zentral erfolgen.

Allerdings sollte an jenen Stationen, die aktuelle meteorologische Informationen an bestimmte Bedarfsträger weiterleiten müssen, eine visuelle Prüfung der abgerufenen Informationen durch den Operator erfolgen, um auch die Arbeitsweise der Automatischen, Fernmeldenden Meteorologischen Stationen beurteilen zu können. Hierbei kann es sich jedoch nur um eine Grobprüfung handeln.

Fehler, die unterhalb einer bestimmten Grenze liegen, können durch den Operator nicht mehr erfaßt werden; sie müssen der Bezirksstation von der Prüfstelle des nationalen Zentrums zurückgemeldet werden.

Abschließend einige Bemerkungen zu den Kosten eines solchen Netzes: Es wird bezüglich der Einzelheiten auf eine Darstellung verwiesen, die vom Autor anläßlich der V. Tagung der CIMO (Paris 1969) gegeben wurde. Daraus geht hervor, daß keine signifikanten Unterschiede in den Kosten existieren, wenn ein meteorologisches Netz vollständig bemannt oder durch Anwendung der vorher genannten Stationstypen und den Einsatz von Automatischen, Fernmeldenden Meteorologischen Stationen betrieben wird. Dabei wird vorausgesetzt, daß in beiden Fällen die gleiche Informationsmenge gewonnen wird.

Dieses Ergebnis bildet jedoch noch keine Entscheidungsgrundlage über den Nutzen eines automatisierten bzw. nicht automatisierten meteorologischen Netzes. Dies ist im wesentlichen dadurch begründet, daß die menschliche Arbeitskraft lediglich mit ihrem Lohn in die Rechnung eingesetzt werden muß und deshalb ihr potentieller Nutzen hinsichtlich der Vermehrung des Nationaleinkommens nicht berücksichtigt werden kann.

Der Nutzen eines automatisierten meteorologischen Stationsnetzes liegt im Prinzip darin, daß effektiv hochqualifizierte Arbeitskräfte gespart werden können, daß durch die digitale Registrierung der gewonnenen Informationen eine automatische Weiterverarbeitung möglich ist und daß mit relativ geringem Aufwand die Frequenz der Erfassung der meteorologischen Informationen in zeitlicher und räumlicher Hinsicht verdichtet werden kann.

Anschrift: Dr. E. Peters, Meteorologischer Dienst der DDR, 15 Potsdam, Luckenwalder Str. 42–44–46

Schriftleitung: Prof. Dr. *H. Ertel* †, Berlin, und Prof. Dr. *E.-A. Lauter*, Berlin · Verantwortlicher Redakteur: Dr. *R. Haake*, Potsdam. *Verlag*: Akademie-Verlag GmbH, 108 Berlin, Leipziger Straße 3–4, Fernruf 22 04 41 · Telex-Nr. 011 2020, Postscheckkonto: Berlin 350 21 · Die Zeitschrift für Meteorologie erscheint in zwangloser Folge. Bezugspreis für die Z. f. Met.: je Einzelheft M 6,–, Dreifachheft M 18,– (Sonderpreis für die DDR M 4,– bzw. M 12,–) zuzüglich Porto- und Versandkosten. Bestellungen an eine Buchhandlung erbeten. Bestellnummer dieses Heftes: 1013/22/8-10. Alleinige Anzeigenannahme: DEWAG WERBUNG Berlin, Berlin – Hauptstadt der DDR – sowie DEWAG-Betriebe und deren Zweigstellen in den Bezirken der DDR. Keine Ersatzansprüche durch höhere Gewalt · *Herstellung:* IV/2/14 VEB Druckerei »Gottfried Wilhelm Leibniz«, 445 Gräfenhainichen/DDR · Veröffentlicht unter der Lizenznummer 1281 des Presseamtes des Vorsitzenden des Ministerrates der Deutschen Demokratischen Republik ·

Printed in the German Democratic Republic

Bei Fragen zur Produktsicherheit wenden Sie sich bitte an:
If you have any questions regarding product safety, please contact:

Walter de Gruyter GmbH
Genthiner Straße 13
10785 Berlin
productsafety@degruyterbrill.com